L'ARITHMÉTIQUE

DES

ÉCOLES PRIMAIRES

OUVRAGE CONFORME AUX PROGRAMMES OFFICIELS DE 1882

PAR

Désiré ANDRÉ

Ancien élève de l'École normale supérieure
Agrégé de l'Université, docteur ès sciences, lauréat du Ministère
de l'instruction publique, professeur de mathématiques
à l'École préparatoire de Sainte-Barbe

COURS ÉLÉMENTAIRE

CONTENANT

SEIZE CENT SOIXANTE-SIX EXERCICES PRATIQUES

Inscrit sur la liste des ouvrages fournis gratuitement par
la ville de Paris à ses écoles communales et couronné
par la Société d'instruction et d'éducation populaires.

QUATRIÈME ÉDITION

Revue, corrigée

ET AUGMENTÉE DE NOTIONS DE GÉOMÉTRIE

PARIS

LIBRAIRIE CLASSIQUE EUGÈNE BELIN

Vᵛᵉ EUGÈNE BELIN ET FILS

RUE DE VAUGIRARD, Nº 52

1888

Tout exemplaire de cet ouvrage non revêtu de ma griffe sera réputé contrefait.

Eug. Belin

SAINT-CLOUD. — IMPRIMERIE Vᵒ EUG. BELIN ET FILS.

PRÉFACE

Le présent ouvrage s'adresse aux plus jeunes enfants des écoles primaires, à ceux qui suivent le *cours élémentaire*. Il contient toutes les matières indiquées pour ce cours par les derniers *programmes officiels de l'enseignement primaire*, comme par ceux, plus développés, *des écoles publiques de la ville de Paris*.

Il est partagé en *cinq* **livres** qui se rapportent respectivement à la *numération des nombres entiers*, au *calcul des nombres entiers*, aux *nombres décimaux*, au *système métrique* et aux *notions de géométrie*. Ces livres se partagent en **chapitres**, ces chapitres eux-mêmes en **paragraphes numérotés**.

Ces **paragraphes**, au nombre de *deux cent trente-huit*, ont chacun leur unité, leur individualité propre. Ils constituent *deux cent trente-huit* **leçons**, c'est-à-dire, à très peu près, le nombre de leçons que comporte une année scolaire, où l'on ferait une leçon par jour. Il suffit que l'Instituteur montre chaque jour un paragraphe à ses jeunes élèves pour que ceux-ci voient tout le cours en une seule année.

Chaque paragraphe, sans exception, se compose de deux parties qu'il convient de faire voir ensemble, le même jour : un **enseignement**, des **exercices**.

La partie d'**enseignement** constitue la leçon proprement dite. Elle a un caractère essentiellement **pratique** : les raisonnements abstraits en sont bannis ; les définitions et les règles y sont toujours accompagnées d'exemples. On s'est appliqué à rendre cette première partie fort **simple**, pour que les élèves puissent tous la comprendre ; fort **courte**, pour qu'ils puissent tous, en une seule fois, se l'approprier et la retenir.

Les **exercices** qui forment la seconde partie sont, dans chaque paragraphe, au nombre de sept. Il y en a donc *seize cent soixante-six* dans tout l'ouvrage. En réalité, comme une foule d'énoncés sont multiples, ce nombre *seize cent soixante-six* est de beaucoup dépassé.

Ces exercices sont extrêmement **variés**. Ils portent sur des objets **usuels**, bien connus des enfants, petits garçons et petites filles. Tous sont vraiment **élémentaires**: ceux qui sont des problèmes n'exigent jamais qu'une seule opération.

Ils se rapportent d'ailleurs, les uns au sujet même du paragraphe où ils se trouvent, les autres aux sujets des paragraphes précédents. Ces derniers, distingués par un chiffre *gras*, sont de véritables exercices de **revision** : ce sont les plus nombreux. Ils forment, du commencement à la fin de l'ouvrage, une suite pour ainsi dire ininterrompue, et comme la matière d'une continuelle **récapitulation**.

L'ARITHMÉTIQUE
DES ÉCOLES PRIMAIRES

LIVRE PREMIER

LA NUMÉRATION

CHAPITRE PREMIER

LES NOMBRES D'UN CHIFFRE

---

1. — Le nombre *UN*

Un est le plus simple des nombres : il sert à désigner un objet qui est **tout seul**.

On voit dans le ciel *un* soleil. — Nous avons *un* front, *un* nez, *une* bouche. — Voici *un* point.

En écrivant, on représente le nombre *un* tantôt par le *mot* **un**, tantôt par le *chiffre* **1**.

On écrit à volonté : *un* enfant ou 1 enfant.

> **Exercices.** — 1. Levez *un* doigt, *une* main.
> 2. Combien a-t-on de pouces à chaque main, d'ongles à chaque doigt?
> 3. Combien un chien a-t-il de gueules, combien un coq a-t-il de becs?
> 4. Combien y a-t-il de *t* dans chacun des mots *terre, mont, montagne?*
> 5. Combien y a-t-il de *c* dans chacun des mots *cave, sac, ucier, café?*
> 6. Ecrivez en toutes lettres : 1 toit, 1 maison.
> 7. Ecrivez en chiffres : *un* écolier, *un* professeur.

---

2. — Le nombre *DEUX*

Deux est le nombre qu'on obtient en ajoutant *un* à *un*.

Nous avons *deux* yeux, *deux* bras, *deux* mains. — Un oiseau a *deux* ailes. — Voici *deux* points ..

En écrivant, on représente le nombre *deux* tantôt par le *mot* **deux**, tantôt par le *chiffre* **2**.

On écrit à volonté : *deux* enfants ou 2 enfants.

> **Exercices.** — 1. Levez *deux* doigts.
> 2. Combien y a-t-il de lettres dans le mot *or?*
> 3. Ecrivez en toutes lettres : 2 chevaux, 2 ânes.
> 4. Ecrivez en chiffres : *deux* chapeaux, *deux* bonnets.
> 5. Ecrivez de même : *un, deux.*
> 6. Combien y a-t-il de *b* dans chacun des mots *bâton, bonbon, bataille?*
> 7. Ecrivez en chiffres : *Un* tiens vaut mieux que *deux* tu l'auras.

---

3. — Le nombre *TROIS*

Trois est le nombre qu'on obtient en ajoutant *un* à *deux*.

Il y a *trois* lettres dans le mot *air*. — Le trèfle a *trois* feuilles. — Voici *trois* points ...

En écrivant, on représente le nombre *trois* tantôt par le *mot* **trois**, tantôt par le *chiffre* **3**.

On écrit à volonté : *trois* enfants ou 3 enfants

> **Exercices.** — 1. Levez *trois* doigts.
> 2. Combien y a-t-il de lettres dans le mot *fil?*
> 3. Ecrivez en toutes lettres : 3 roses, 3 violettes.
> 4. Ecrivez en chiffres : *trois* pastilles, *trois* dragées.
> 5. Ecrivez de même : *un, deux, trois.*
> 6. Combien y a-t-il de *syllabes* dans chacun des mots : *pas, passer, dépasser.*
> 7. Ecrivez en chiffres : *Trois* déménagements valent *un* incendie.

---

4. — Le nombre QUATRE

Quatre est le nombre qu'on obtient en ajoutant *un* à *trois*.

Dans l'année, il y a *quatre* saisons. — Un cheval a *quatre* pieds. — Voici *quatre* points . . . .

En écrivant, on représente le nombre *quatre* tantôt par le *mot* **quatre**, tantôt par le *chiffre* **4**.

On écrit à volonté : *quatre* enfants ou 4 enfants.

Exercices. — 1. Levez *quatre* doigts.

2. Combien y a-t-il de lettres dans le mot *banc*?

3. Ecrivez en toutes lettres : 4 bœufs, 4 chevaux.

4. Ecrivez en chiffres : *quatre* lettres, *quatre* mots.

5. Ecrivez de même : *un, deux, trois, quatre*.

6. Combien y a-t-il de syllabes dans chacun des mots *maison, cabane, maisonnette?*

7. Ecrivez en toutes lettres : Un aiguillon a 1 pointe; une fourche en a 2 ; un trident, 3 ; une fourchette, 4.

5. — Le nombre CINQ

Cinq est le nombre qu'on obtient en ajoutant *un* à *quatre*.

A chaque main, nous avons *cinq* doigts. — Il y a *cinq* lettres dans le mot *école*. — Voici *cinq* points . . . . .

En écrivant, on représente le nombre *cinq* tantôt par le *mot* **cinq**, tantôt par le *chiffre* **5**.

On écrit à volonté : *cinq* enfants ou 5 enfants.

Exercices. — 1. Levez *cinq* doigts.

2. Combien de lettres dans le mot *porte?*

3. Ecrivez en toutes lettres : 5 étudiants, 5 professeurs.

4. Ecrivez en chiffres : *cinq* brebis, *cinq* agneaux.

5. Ecrivez de même : *un, deux, trois, quatre, cinq*.

6. Combien de lettres dans chacun des mots *âne, rat, taupe, serin?*

7. Ecrivez en toutes lettres : Il y a, dans un mois, tantôt 4 dimanches, tantôt 5.

6. — Le nombre SIX

Six est le nombre qu'on obtient en ajoutant *un* à *cinq*.

Dans le mot *France*, il y a *six* lettres. — Dans le mot *patrie*, il y a *six* lettres. — Voici *six* points ......

En écrivant, on représente le nombre *six* tantôt par le *mot* **six**, tantôt par le *chiffre* **6**.

On écrit à volonté : *six* enfants ou 6 enfants.

Exercices. — 1. Levez *six* doigts.
2. Combien de lettres dans le mot *violet*?
3. Ecrivez en toutes lettres : 6 casquettes, 6 cravates.
4. Ecrivez en chiffres : *six* plumes, *six* porte-plumes.
5. Ecrivez de même : *deux, quatre, six*.
6. Combien de lettres dans les mots *chat, chien, cheval*?
7. Ecrivez en toutes lettres : Une brouette a 1 roue; un cabriolet en a 2; un camion, 4; une locomotive, 6.

7. — Le nombre SEPT

Sept est le nombre qu'on obtient en ajoutant *un* à *six*.

Dans une semaine, il y a *sept* jours. — Dans le mot *chambre*, il y a *sept* lettres. — Voici *sept* points ....

En écrivant, on représente le nombre *sept* tantôt par le *mot* **sept**, tantôt par le *chiffre* **7**.

On écrit à volonté : *sept* enfants ou 7 enfants.

Exercices. — 1. Levez *sept* doigts.
2. Combien de lettres dans le mot *tilleul*?
3. Combien de lettres dans le mot *bâtisse*?
4. Ecrivez en toutes lettres : 7 pâtés, 7 gâteaux.
5. Ecrivez en chiffres : *sept* pupitres, *sept* chaises.
6. Ecrivez de même : *un, trois, cinq, sept*.
7. Combien de lettres dans les mots *dù, dur, dard, danse, damier, demeure*?

8. — Le nombre *HUIT*

Huit est le nombre qu'on obtient en ajoutant *un* à *sept*.

Dans le mot *ruisseau*, il y a *huit* lettres. — Dans le mot *Français*, il y a *huit* lettres. — Voici *huit* points . . . .

En écrivant, on représente le nombre *huit* tantôt par le *mot* **huit**, tantôt par le *chiffre* **8**.

On écrit à volonté : *huit* enfants ou 8 enfants.

Exercices. — 1. Levez *huit* doigts.
2. Combien de lettres dans le mot *hanneton ?*
3. Combien de lettres dans le mot *perdreau ?*
4. Ecrivez en toutes lettres : 8 sources, 8 fontaines.
5. Ecrivez en chiffres : *huit* cabanes, *huit* chaumières.
6. Ecrivez de même : *deux, quatre, six, huit.*
7. Combien de lettres dans chacun des mots : *eau, bière, vinaigre ?*

9. — Le nombre *NEUF*

Neuf est le nombre qu'on obtient en ajoutant *un* à *huit*.

Dans le mot *promenade*, il y a *neuf* lettres. — Dans le mot *laboureur*, il y a *neuf* lettres. — Voici *neuf* points . . . .

En écrivant, on représente le nombre *neuf* tantôt par le *mot* **neuf**, tantôt par le *chiffre* **9**.

On écrit à volonté : *neuf* enfants ou 9 enfants.

Exercices. — 1. Levez *neuf* doigts.
2. Combien de lettres dans le mot *militaire ?*
3. Combien de lettres dans le mot *couleuvre ?*
4. Ecrivez en toutes lettres : 9 carreaux, 9 briques.
5. Ecrivez en chiffres : *neuf* bons enfants et *neuf* mauvais.
6. Ecrivez de même : *un, trois, cinq, sept, neuf.*
7. Combien de lettres dans chacun des mots *tortue, crapaud, chenille, langouste ?*

10. — Le mot *UNITÉ*

Le nombre *un* se nomme encore l'*unité*.

On peut placer le mot *unité* après tous les nombres.

Au lieu de dire : *un, deux, trois,...* ; on peut dire : *une unité, deux unités, trois unités,...*

Un chiffre isolé, 5, par exemple, se lit à volonté : *cinq* ou *cinq unités*.

Exercices. — **1.** Levez 9 doigts, 4 doigts.

2. Ecrivez en toutes lettres : 7 crayons, 3 porte-crayons.

3. Ecrivez en chiffres : *deux* poires, *six* pommes.

4. Combien un oiseau a-t-il de pieds?

5. Combien de lettres dans chacun des mots *la, crabe, papillon*?

6. J'avais 8 plumes ; on m'en donne 1 : combien en ai-je à présent?

7. Jean avait 5 dragées ; il en mange 1 : maintenant combien en a-t-il?

11. — Formation des nombres.

Un nombre étant donné, il suffit de lui ajouter *un* pour **former** le nombre suivant.

On *forme* les nombres qui suivent *un* en disant :

un et *un*	font	*deux*	*cinq* et *un*	font	*six*
deux et *un*	—	*trois*	*six* et *un*	—	*sept*
trois et *un*	—	*quatre*	*sept* et *un*	—	*huit*
quatre et *un*	—	*cinq*	*huit* et *un*	—	*neuf*

Exercices. — **1.** Levez 4 doigts, 8 doigts.

2. Ecrivez en toutes lettres : 7 ruisseaux, 2 rivières.

3. Ecrivez en chiffres : *trois* escaliers, *six* marches.

4. Combien d'*a* dans le mot *carafe*?

5. Combien de lettres dans chacun des mots *blé, seigle, luzerne*?

6. Je vois 5 maçons et 1 architecte : combien d'hommes?

7. Louise a 9 perles ; elle en perd 1 : combien lui en reste-t-il?

12. — La suite des nombres.

Quand on est arrivé à *neuf*, on peut encore lui ajouter *un* : on peut ajouter *un* à tous les nombres.

La **suite des nombres** ne s'arrête pas à *neuf;* cette suite ne s'arrête jamais : elle est *illimitée*.

Il y a une *infinité* de nombres.

Exercices. — **1**. Levez 3 doigts, 7 doigts.

2. Ecrivez en toutes lettres : 6 écuries, 2 étables.

3. Ecrivez en chiffres : *cinq* livres, *neuf* cahiers.

4. Combien une chèvre a-t-elle de pieds ?

5. Combien de syllabes dans chacun des mots *Paris, Londres, Constantinople?*

6. Je vois 4 pins et 1 sapin : combien d'arbres ?

7. Henri avait 8 noix; il en mange 1 : combien en a-t-il?

---

13. — La manière d'écrire les nombres.

Les nombres s'écrivent en *lettres* ou en *chiffres*.

Il vaut mieux les écrire en *chiffres*.

Il faut s'exercer à former *très bien* les chiffres : des chiffres mal formés causent beaucoup d'erreurs.

Exercices. — **1**. Levez 7 doigts, 2 doigts.

2. Ecrivez en toutes lettres : 5 moucherons, 6 mouches.

3. Ecrivez en chiffres : *neuf* sentiers, *quatre* chemins.

4. Combien un bâton a-t-il de bouts?

5. Combien de lettres dans chacun des mots *riz, avoine, froment?*

6. Une salle a 1 porte et 8 fenêtres: en tout combien d'ouvertures ?

7. On avait 3 ouvriers; il en part 1 : combien en reste-t-il à présent?

---

14. — Les nombres d'un chiffre.

Les *neuf* premiers nombres sont : *un, deux, trois, quatre, cinq, six, sept, huit, neuf.*

On les nomme les **nombres d'un chiffre**, parce qu'ils s'écrivent chacun avec *un seul* chiffre.

Deux, par exemple, s'écrit avec le·seul chiffre 2.

Les nombres qui suivent *neuf* s'écrivent chacun avec *plusieurs* chiffres.

Exercices. — 1. Levez 6 doigts, 5 doigts.

2. Ecrivez en toutes lettres : 9 oiseaux bleus, 4 verts.

3. Ecrivez en chiffres : *huit* vestes, *trois* habits.

4. Combien, d'ordinaire, un tabouret, une chaise, une table ont-ils de pieds?

5. Combien y a-t-il de syllabes dans chacun des mots *Lille, Bordeaux, Besançon?*

6. Jules avait 7 billes; il en gagne 1 : combien en a-t-il?

7. J'avais 2 figues; j'en mange 1 : combien en ai-je?

15. — Les chiffres.

Les chiffres que nous connaissons déjà sont : 1, 2, 3, 4, 5, 6, 7, 8, 9.

Il existe encore *un autre chiffre,* mais un seul.

Cet autre chiffre est le 0, qui se nomme **zéro.**

Exercices. — 1. Levez 5 doigts, 9 doigts.

2. Ecrivez en toutes lettres : 4 tabourets, 8 escabeaux.

3. Ecrivez en chiffres : *trois* vaches, *sept* veaux.

4. Combien un cheval a-t-il de fers?

5. Combien y a-t-il de lettres dans chacun des mots *pêche, abricot, chou-fleur?*

6. Un fermier a 2 puits; il en fait creuser 1 : combien en aura-t-il?

7. Un grenier avait 6 lucarnes; on en bouche 1 : combien en a-t-il?

16. — Le zéro.

Le **zéro** ne représente **rien.**

Justement parce qu'il ne représente *rien,* il prend parfois le sens des mots *nul, aucun.*

0 arbre signifie *nul* arbre; 0 plante signifie *aucune* plante.

Le zéro ne sert pas pour écrire les *neuf* premiers nombres; mais il est indispensable pour écrire certains des *suivants*.

Exercices. — 1. Combien un serpent a-t-il de pattes?

2. Dites en langage ordinaire : 0 cave, 0 caveau.

3. Ecrivez à l'aide du *zéro* : *aucun* homme, *nul* enfant.

4. Combien un chat a-t-il d'oreilles?

5. Combien de lettres dans le mot *éléphant*?

6. Combien de syllabes dans chacun des mots *vif, vive, vivement, vivacité*?

7. Ecrivez les *neuf* premiers nombres; d'abord en toutes *lettres*, ensuite en *chiffres*.

CHAPITRE II

LES NOMBRES DE DEUX CHIFFRES

—

17. — De dix à dix-neuf.

Dix est le nombre qu'on obtient en ajoutant *un* à *neuf*. — *Dix* se nomme aussi une **dizaine**.

Dix et *un*	font *onze;*
Onze et *un*	— *douze;*
Douze et *un*	— *treize;*
Treize et *un*	— *quatorze;*
Quatorze et *un*	— *quinze;*
Quinze et *un*	— *seize;*
Seize et *un*	— *dix-sept;*
Dix-sept et *un*	— *dix-huit;*
Dix-huit et *un*	— *dix-neuf.*

Dix,　c'est-à-dire $1^{\text{dizaine}} 0^{\text{unité}}$, s'écrit 10;

Onze,　—　$1^{\text{dizaine}} 1^{\text{unité}}$, — 11;

Douze,　—　$1^{\text{dizaine}} 2^{\text{unités}}$, — 12; etc.

Tous ces nombres s'écrivent ainsi :

dix	10	quinze	15
onze	11	seize	16
douze	12	dix-sept	17
treize	13	dix-huit	18
quatorze	14	dix-neuf	19

Exercices. — 1. Ecrivez en toutes lettres : 10, 14, 18, 13, 17.

2. Ecrivez en chiffres : *quinze* règles, *dix-neuf* crayons.

3. Ecrivez en toutes lettres : Dans l'année il y a toujours 12 mois.

4. Ecrivez en chiffres : Une collection de *douze* objets se nomme une *douzaine*.

5. Récitez tous les nombres depuis 1 jusqu'à 11.

6. Ecrivez en toutes lettres : 1, 2, 3, 4, 5, 6.

7. Ecrivez en chiffres : *sept, huit, neuf*.

---

18. — De vingt à vingt-neuf.

Vingt est le nombre qu'on obtient en ajoutant *un* à *dix-neuf*. — *Vingt* vaut juste 2 *dizaines*.

Vingt et *un*	font *vingt-un ;*
Vingt-un et *un*	— *vingt-deux ;*
Vingt-deux et *un*	— *vingt-trois ;*
Vingt-trois et *un*	— *vingt-quatre ;*
Vingt-quatre et *un*	— *vingt-cinq ;*
Vingt-cinq et *un*	— *vingt-six ;*
Vingt-six et *un*	— *vingt-sept ;*
Vingt-sept et *un*	— *vingt-huit ;*
Vingt-huit et *un*	— *vingt-neuf.*

Vingt,   c.-à-d. $2^{\text{dizaines}}\,0^{\text{unité}}$, s'écrit 20 ;

Vingt-un,   — $2^{\text{dizaines}}\,1^{\text{unité}}$, — 21 ;

Vingt-deux,   — $2^{\text{dizaines}}\,2^{\text{unités}}$, — 22 ; etc.

Tous ces nombres s'écrivent ainsi :

vingt	20	vingt-trois	23
vingt-un	21	vingt-quatre	24
vingt-deux	22	vingt-cinq	25

vingt-six	26	vingt-huit	28
vingt-sept	27	vingt-neuf	29

Exercices.—1. Ecrivez en toutes lettres : 24, 28, 23, 27, 22.

2. Ecrivez en chiffres : *vingt-neuf* parapluies, *vingt-cinq* ombrelles.

3. Ecrivez en toutes lettres : Le mois de février a tantôt 28 jours, tantôt 29.

4. Combien y a-t-il de lettres dans chacun des mots *lin, chanvre, betterave* ?

5. Récitez tous les nombres, depuis 12 jusqu'à 22.

6. Ecrivez en toutes lettres : 2, 4, 6, 8, 10, 12.

7. Ecrivez en chiffres : *quatorze, seize, dix-huit*

---

19. — De trente à trente-neuf.

Trente est le nombre qu'on obtient en ajoutant *un* à *vingt-neuf*. — *Trente* vaut juste 3 *dizaines*.

Trente et *un*	font *trente-un;*
Trente-un et *un*	— *trente-deux;*
Trente-deux et *un*	— *trente-trois;*
Trente-trois et *un*	— *trente-quatre;*
Trente-quatre et *un*	— *trente-cinq;*
Trente-cinq et *un*	— *trente-six;*
Trente-six et *un*	— *trente-sept;*
Trente-sept et *un*	— *trente-huit;*
Trente-huit et *un*	— *trente-neuf.*

Trente, c.-à-d. $3^{dizaines}\ 0^{unité}$, s'écrit 30 ;

Trente-un, — $3^{dizaines}\ 1^{unité}$, — 31 ;

Trente-deux, — $3^{dizaines}\ 2^{unités}$, — 32 ; etc.

Tous ces nombres s'écrivent ainsi :

trente	30	trente-cinq	35
trente-un	31	trente-six	36
trente-deux	32	trente-sept	37
trente-trois	33	trente-huit	38
trente-quatre	34	trente-neuf	39

Exercices. — 1. Ecrivez en toutes lettres : 38, 33, 37, 32, 36.

2. Ecrivez en chiffres : *trente* billes, *trente-quatre* toupies.

3. Ecrivez en toutes lettres : Les mois autres que février ont tantôt 30 jours, tantôt 31.

4. Combien y a-t-il de lettres dans chacun des mots *lion, limande, grenouille ?*

5. Récitez tous les nombres, depuis 23 jusqu'à 33.

6. Ecrivez en toutes lettres : 3, 6, 9, 12, 15, 18.

7. Ecrivez en chiffres : *vingt-un, vingt-quatre, vingt-sept.*

---

20. — De quarante à quarante-neuf.

Quarante est le nombre qu'on obtient en ajoutant un à *trente-neuf.* — *Quarante* vaut juste 4 *dizaines.*

Quarante et *un*	font *quarante-un* ;
Quarante-un et *un*	— *quarante-deux*
Quarante-deux et *un*	— *quarante-trois* ;
Quarante-trois et *un*	— *quarante-quatre* ;
Quarante-quatre et *un*	— *quarante-cinq* ;
Quarante-cinq et *un*	— *quarante-six* ;
Quarante-six et *un*	— *quarante-sept* ;
Quarante-sept et *un*	— *quarante-huit* ;
Quarante-huit et *un*	— *quarante-neuf.*

Quarante,   c.-à-d. $4^{\text{dizaines}} 0^{\text{unité}}$, s'écrit 40 ;

Quarante-un,   — $4^{\text{dizaines}} 1^{\text{unité}}$, — 41 ;

Quarante-deux, — $4^{\text{dizaines}} 2^{\text{unités}}$, — 42 ; etc.

Tous ces nombres s'écrivent ainsi :

quarante	40	quarante-cinq	45
quarante-un	41	quarante-six	46
quarante-deux	42	quarante-sept	47
quarante-trois	43	quarante-huit	48
quarante-quatre	44	quarante-neuf	49

Exercices. — 1. Ecrivez en toutes lettres : 43, 47, 42, 46, 48.

2. Ecrivez en chiffres : *quarante* macarons, *quarante-un* massepains.

3. Combien y a-t-il de syllabes dans chacun de ces mots *visibilité, invisibilité*?

4. Il y avait 25 élèves dans une classe. Un nouveau vient d'arriver. Combien y en a-t-il à présent?

5. Récitez tous les nombres, depuis 34 jusqu'à 44.

6. Ecrivez en toutes lettres : 4, 8, 12, 16, 20, 24.

7. Ecrivez en chiffres : *vingt-huit, trente-deux, trente-six*.

---

21. — De cinquante à cinquante-neuf.

Cinquante est le nombre qu'on obtient en ajoutant un à *quarante-neuf*. — *Cinquante* vaut juste 5 *dizaines*.

Cinquante et un   font *cinquante-un;*
Cinquante-un et *un*   — *cinquante-deux;*
Cinquante-deux et *un*   — *cinquante-trois;*
Cinquante-trois et *un*   — *cinquante-quatre;*
Cinquante-quatre et *un* — *cinquante-cinq;*
Cinquante-cinq et *un*   — *cinquante-six;*
Cinquante-six et *un*   — *cinquante-sept;*
Cinquante-sept et *un*   — *cinquante-huit;*
Cinquante-huit et *un*   — *cinquante-neuf.*

Cinquante,   c.-à-d. $5^{dizaines} 0^{unité}$, s'écrit 50;
Cinquante-un,   — $5^{dizaines} 1^{unité}$, — 51;
Cinquante-deux,   — $5^{dizaines} 2^{unités}$, — 52; etc.

Tous ces nombres s'écrivent ainsi :

cinquante	50	cinquante-cinq	55
cinquante-un	51	cinquante-six	56
cinquante-deux	52	cinquante-sept	57
cinquante-trois	53	cinquante-huit	58
cinquante-quatre	54	cinquante-neuf	59

Exercices. — **1.** Ecrivez en toutes lettres : 57, 52, 58, 53, 55, 59, 50.

2. Une personne a présentement 52 ans. Quel âge aura-t-elle l'année prochaine?

3. Une personne a présentement 58 ans. Quel âge avait-elle l'année dernière?

4. Ecrivez en chiffres : *cinquante-quatre* lapins, *cinquante-six* lièvres.

5. Récitez tous les nombres, depuis 45 jusqu'à 55.

6. Ecrivez en toutes lettres : 5, 10, 15, 20, 25, 35

7. Ecrivez en chiffres : *trente, quarante, quarante-cinq.*

---

22. — De soixante à soixante-neuf.

Soixante est le nombre qu'on obtient en ajoutant *un* à *cinquante-neuf.* — *Soixante* vaut juste 6 *dizaines.*

Soixante et *un*	font *soixante-un ;*
Soixante-un et *un*	— *soixante-deux ;*
Soixante-deux et *un*	— *soixante-trois ;*
Soixante-trois et *un*	— *soixante-quatre ;*
Soixante-quatre et *un*	— *soixante-cinq ;*
Soixante-cinq et *un*	— *soixante-six ;*
Soixante-six et *un*	— *soixante-sept ;*
Soixante-sept et *un*	— *soixante-huit ;*
Soixante-huit et *un*	— *soixante-neuf.*

Soixante, c.-à-d. 6 dizaines 0 unité, s'écrit 60 ;

Soixante-un, — 6 dizaines 1 unité, — 61 ;

Soixante-deux, — 6 dizaines 2 unités, — 62 ; etc.

Tous ces nombres s'écrivent ainsi :

soixante	60	soixante-cinq	65
soixante-un	61	soixante-six	66
soixante-deux	62	soixante-sept	67
soixante-trois	63	soixante-huit	68
soixante-quatre	64	soixante-neuf	69

Exercices. — 1. Ecrivez en toutes lettres, 62, 66, 67, 65, 69, 63, 60.

2. Ecrivez en chiffres : *soixante-quatre* femmes, *soixante-un* enfants.

3. Combien y a-t-il de lettres dans ce titre : *L'arithmétique des écoles primaires.*

4. Combien y a-t-il de lettres dans chacun de ces mots : *singe, serpent, coquillage?*

5. Récitez tous les nombres, depuis 56 jusqu'à 66.
6. Écrivez en toutes lettres : 12, 18, 24, 36, 42, 48.
7. Écrivez en chiffres : *six, trente, cinquante-quatre*.

---

23. — De soixante-dix à soixante-dix-neuf.

Soixante-dix est le nombre qu'on obtient en ajoutant *un* à *soixante-neuf*. — *Soixante-dix* vaut juste 7 *dizaines*.

Soixante-dix et *un*	font *soixante-onze ;*
Soixante-onze et *un*	— *soixante-douze ;*
Soixante-douze et *un*	-- *soixante-treize ;*
Soixante-treize et *un*	— *soixante-quatorze ;*
Soixante-quatorze et *un*	— *soixante-quinze ;*
Soixante-quinze et *un*	— *soixante-seize ;*
Soixante-seize et *un*	— *soixante-dix-sept ;*
Soixante-dix-sept et *un*	— *soixante-dix-huit ;*
Soixante-dix-huit et *un*	— *soixante-dix-neuf.*

Soixante-dix, c.-à-d. $7^{\text{dizaines}} 0^{\text{unité}}$, s'écrit 70 ;
Soixante-onze, — $7^{\text{dizaines}} 1^{\text{unité}}$, — 71 ;
Soixante-douze, — $7^{\text{dizaines}} 2^{\text{unités}}$, — 72 ; etc.

Tous ces nombres s'écrivent ainsi :

soixante-dix	70	soixante-quinze	75
soixante-onze	71	soixante-seize	76
soixante-douze	72	soixante-dix-sept	77
soixante-treize	73	soixante-dix-huit	78
soixante-quatorze	74	soixante-dix-neuf	79

Exercices. — 1. Écrivez en toutes lettres : 76, 71, 75, 79, 77, 73, 70.

2. Écrivez en chiffres : *soixante-quatorze* vitres, *soixante-douze* vitraux.

3. Récitez tous les nombres, depuis 67 jusqu'à 77.

4. Un arbrisseau avait 47 branches. On lui en coupe 1. Combien lui en reste-t-il ?

5. Combien faut-il de traits de scie pour partager une bûche en *quatre* morceaux ?

6. Ecrivez en toutes lettres : 21, 28, 35, 42, 49, 56.

7. Ecrivez en chiffres : *sept, quatorze, soixante-trois.*

---

24. — De quatre-vingts à quatre-vingt-neuf.

Quatre-vingts est le nombre qu'on obtient en ajoutant *un* à *soixante-dix-neuf*. — *Quatre-vingts* vaut juste 8 *dizaines*.

Quatre-vingts et *un*	font	*quatre-vingt-un ;*
Quatre-vingt-un et *un*	—	*quatre-vingt-deux ;*
Quatre-vingt-deux et *un*	—	*quatre-vingt-trois ;*
Quatre-vingt-trois et *un*	—	*quatre-vingt-quatre ;*
Quatre-vingt-quatre et *un*	—	*quatre-vingt-cinq ;*
Quatre-vingt-cinq et *un*	—	*quatre-vingt-six ;*
Quatre-vingt-six et *un*	—	*quatre-vingt-sept ;*
Quatre-vingt-sept et *un*	—	*quatre-vingt-huit ;*
Quatre-vingt-huit et *un*	—	*quatre-vingt-neuf.*

Quatre-vingts,   c.-à-d. $8^{dizaines} 0^{unité}$, s'écrit 80 ;

Quatre-vingt-un,   — $8^{dizaines} 1^{unité}$,   — 81 ;

Quatre-vingt-deux,   — $8^{dizaines} 2^{unités}$,   — 82 ; etc.

Tous ces nombres s'écrivent ainsi :

quatre-vingts	80	quatre-vingt-cinq	85
quatre-vingt-un	81	quatre-vingt-six	86
quatre-vingt-deux	82	quatre-vingt-sept	87
quatre-vingt-trois	83	quatre-vingt-huit	88
quatre-vingt-quatre	84	quatre-vingt-neuf	89

Exercices. — **1.** Ecrivez en toutes lettres : 81, 85, 89, 82, 84, 83, 80.

2. Ecrivez en chiffres : *quatre-vingt-neuf* vis, *quatre-vingt-six* clous.

3. Il y avait *quatre-vingt-six* plumes dans une boite. On en prend *une.* Combien en reste-t-il ?

4. Comptez combien il y a de lignes dans la présente page de ce livre.

5. Récitez tous les nombres, depuis 78 jusqu'à 88.

6. Ecrivez en toutes lettres, 16, 24, 32, 48, 56, 64.

7. Ecrivez en chiffres : *huit, quarante, soixante-douze.*

25. — De quatre-vingt-dix à quatre-vingt-dix-neuf.

Quatre-vingt-dix est le nombre qu'on obtient en ajoutant *un* à *quatre-vingt-neuf*. — *Quatre-vingt-dix* vaut juste 9 *dizaines*.

Quatre-vingt-dix et *un*	font *quatre-vingt-onze ;*
Quatre-vingt-onze et *un*	— *quatre-vingt-douze ;*
Quatre-vingt-douze et *un*	— *quatre-vingt-treize ;*
Quatre-vingt-treize et *un*	— *quatre - vingt - quatorze ;*
Quatre-vingt-quatorze et *un*	— *quatre-vingt-quinze ;*
Quatre-vingt-quinze et *un* :	— *quatre-vingt-seize ;*
Quatre-vingt-seize et *un*	— *quatre-vingt-dix-sept ;*
Quatre-vingt-dix-sept et *un*	— *quatre-vingt-dix-huit,*
Quatre-vingt-dix-huit et *un*	— *quatre-vingt-dix-neuf.*

Quatre-vingt-dix, c.-à-d. $9^{diz.}$ $0^{unité}$, s'écrit 90 ;
Quatre-vingt-onze, — $9^{diz.}$ $1^{unité}$, — 91 ;
Quatre-vingt-douze, — $9^{diz.}$ $2^{unités}$, — 92 ; etc.

Tous ces nombres s'écrivent ainsi :

quatre-vingt-dix	90	quatre-vingt-quinze	95
quatre-vingt-onze	91	quatre-vingt-seize	96
quatre-vingt-douze	92	quatre-vingt-dix-sept	97
quatre-vingt-treize	93	quatre-vingt-dix-huit	98
quatre-vingt-quatorze	94	quatre-vingt-dix-neuf	99

Exercices. — 1. Ecrivez en toutes lettres : 95, 99, 96, 94, 98, 97, 93.

2. Ecrivez en chiffres : *quatre-vingt-dix* ou *quatre-vingt-onze* pains.

3. Ecrivez en chiffres : grâce à sa sobriété et à sa bonne conduite, cet homme a vécu jusqu'à l'âge de *quatre-vingt-dix-neuf* ans.

4. Combien faut-il de lettres pour écrire, en toutes lettres, le nombre 99 ?

5. Récitez tous les nombres, depuis 89 jusqu'à 99.

6. Ecrivez en toutes lettres : 18, 27, 36, 45, 54, 63.

7. Ecrivez en chiffres : *neuf, soixante-douze, quatre-vingt-un.*

26. — Septante, octante, nonante.

Dans plusieurs provinces, on emploie les mots **septante, octante, nonante**, à la place des locutions *soixante-dix, quatre-vingts, quatre-vingt-dix.*

On dit : *septante* pour *soixante-dix; septante-un* pour *soixante-onze; septante-deux* pour *soixante-douze;* etc.

On dit : *octante* pour *quatre-vingts; octante-un* pour *quatre-vingt-un; octante-deux* pour *quatre-vingt-deux;* etc.

On dit : *nonante* pour *quatre-vingt-dix; nonante-un* pour *quatre-vingt-onze; nonante-deux* pour *quatre-vingt-douze;* etc.

> **Exercices : —** 1. Ecrivez en chiffres : *septante, septante-un, septante-quatre, septante-sept.*
>
> 2. Ecrivez en chiffres : *octante, octante-deux, octante-cinq, octante-huit.*
>
> 3. Ecrivez en chiffres : *nonante, nonante-trois, nonante-six, nonante-neuf.*
>
> 4. Combien de lettres dans le mot *sauterelle ?*
>
> 5. Combien de syllabes dans *professeur?*
>
> 6. Combien de lettres dans la présente ligne?
>
> 7. Ecrivez en toutes lettres : 12, 23, 34, 45, 56, 67.

27. — Les mots à retenir.

Il faut retenir très bien les mots : *dix, onze, vingt,* ....

Dix signifie *neuf* plus *un.*

Onze	signifie	*dix-un ;*
Douze	—	*dix-deux ;*
Treize	—	*dix-trois ;*
Quatorze	—	*dix-quatre ;*
Quinze	—	*dix-cinq ;*
Seize	—	*dix-six.*

Vingt	vaut	2	*dizaines ;*
Trente	—	3	—
Quarante	—	4	—
Cinquante	—	5	—
Soixante	—	6	—
Soixante-dix ou **septante**	—	7	—

Quatre-vingts ou **octante**   vaut 8 *dizaines;*
Quatre-vingt-dix ou **nonante** — 9 —

Exercices. — 1. Écrivez en toutes lettres : 10, 30, 40, 50, 60, 70, 80, 90.

2. Écrivez de même : 54 bœufs, 98 moutons.

3. Écrivez en chiffres : *vingt, quarante, soixante, quatre-vingts, quatre-vingt-dix.*

4. Combien font : *deux* fois *dix, quatre* fois *dix, six* fois *dix, huit* fois *dix?*

5. Combien font : *trois* fois *dix, cinq* fois *dix, sept* fois *dix, neuf* fois *dix ?*

6. Quel est le nombre qui vient tout de suite après 48 ?

7. Quel est le nombre qui vient tout de suite avant 57 ?

---

28. — Les nombres de deux chiffres.

Depuis 10 jusqu'à 99, les nombres s'écrivent chacun avec 2 chiffres : ce sont les *nombres de deux chiffres.*

Le chiffre de *gauche* exprime les *dizaines* du nombre ; le chiffre de *droite* en exprime les *unités.*

Soit le nombre 37 écrit ci-dessous :

        (gauche)   37   (droite) ;

le chiffre 3, qui est à *gauche,* représente 3 *dizaines;* le chiffre 7, qui est à *droite,* représente 7 *unités.*

Exercices. — 1. Que représente le chiffre de *gauche* dans chacun des nombres : 10, 32, 21, 54, 43, 76, 65, 98, 87?

2. Que représente le chiffre de *droite* des nombres : 13, 15, 24, 57, 46, 79, 68, 91, 80?

3. Quels sont les deux nombres qui comprennent 62?

4. Quels sont les deux nombres qui comprennent 17 ?

5. Quels sont les deux nombres qui comprennent 29 ?

6. Combien de syllabes dans le mot *marjolaine?*

7. Combien de lettres dans le mot *écrevisse?*

---

29. — Les dizaines.

Les *dizaines* sont analogues aux *unités,* car on dit

1, 2, 3, ... *dizaines*, comme on dit 1, 2, 3, ... *unités*.

On convient de dire que les *dizaines* sont aussi des *unités :* ce sont les *unités du second ordre*.

Les *unités* proprement dites se nomment alors *unités simples* ou *unités du premier ordre*.

> **Exercices.—1.** Que représente le chiffre de *gauche* dans chacun des nombres : 12, 34, 23, 56, 45, 78, 67, 90, 89?
>
> **2.** Que représente le chiffre de *droite* dans chacun des nombres, 14, 36, 25, 58, 47, 70, 69, 92, 81?
>
> **3.** Ecrivez en chiffres : *vingt-trois* verres.
>
> **4.** Ecrivez en chiffres : *trente-deux* assiettes.
>
> **5.** Ecrivez en chiffres : *quarante* fourchettes.
>
> **6.** Ecrivez en chiffres : *cinquante* couteaux.
>
> **7.** Ecrivez en chiffres : *vingt* hommes, *soixante* enfants.

---

30. — Les unités des deux premiers ordres.

Les *unités du premier ordre* sont les **unités simples**.

Les *unités du second ordre* sont les **dizaines**.

Le chiffre des unités du *premier ordre* ou unités simples se met au *premier* rang à partir de la droite.

Le chiffre des unités du *second* ordre ou dizaines se met au *second* rang à partir de la droite.

Lisons le nombre ci-dessous, *à partir de la droite.*

(gauche)   48   (droite);

le *premier* chiffre que nous rencontrons, c'est 8, représente 8 unités du *premier* ordre ou unités simples; — le *second* chiffre, c'est 4, représente 4 unités du *second* ordre ou dizaines.

> **Exercices.—1.** Combien y a-t-il d'unités du *premier* ordre dans chacun des nombres 17, 29, 31, 43, 55, 62, 74, 86, 98?
>
> **2.** Combien y a-t-il d'unités du *second* ordre dans chacun des nombres 18, 39, 50, 71, 92, 23, 44, 65, 86?
>
> **3.** Ecrivez en toutes lettres : 11, 22, 33, 44, 55, 66, 77, 88, 99.

4. Que représente le chiffre de *droite* dans chacun des nombres 15, 37, 82, 68, 71, 46 ?

5. Que représente le chiffre de *gauche* dans chacun des nombres 87, 62, 48, 53, 31, 20 ?

6. Combien de lettres dans le mot *tigre* ?

7. Combien de syllabes dans *voracité* ?

---

31. — Nécessité du zéro.

Dans 10, 20, 30, ..., on ne peut pas supprimer le *zéro*.

Dans 30, le chiffre 3 occupe le *second* rang à partir de la droite : il représente 3 *dizaines*. Si on supprimait le zéro, ce 3 passerait au *premier* rang : il ne représenterait plus que 3 *unités*.

Le *zéro* est *indispensable* dans les nombres 10, 20, 30, ... et dans une infinité d'autres.

> **Exercices.—1.** Ecrivez en toutes lettres les nombres 10, 20, 30, 40, 50, 60, 70, 80, 90.
> **2.** Ecrivez en chiffres : *dix, trente, vingt, cinquante, quarante, soixante-dix, soixante, quatre-vingt-dix, quatre-vingts.*
> **3.** Que deviennent 50, 60, 70 quand on oublie le *zéro* ?
> **4.** Ecrivez en chiffres : *vingt* soldats.
> **5.** Ecrivez de même : *trente* marins.
> **6.** Combien de lettres dans : *Cours élémentaire* ?
> **7.** Combien de lettres dans *quatorze* ?

CHAPITRE III

LES NOMBRES DE TROIS CHIFFRES

—

32. — A partir de cent.

Cent est le nombre qu'on obtient en ajoutant *un* à *quatre-vingt-dix-neuf.*

Cent se nomme aussi une **centaine** et vaut 10 *dizaines*.

Cent et *un*	font	*cent un;*
Cent un et *un*	—	*cent deux;*
Cent deux et *un*	—	*cent trois;* etc.

On peut aller ainsi jusqu'au nombre *cent quatre-vingt-dix-neuf.*

Cent,	c.-à-d. $1^{cent.}$ $0^{diz.}$ $0^{un.}$, s'écrit 100;
Cent un,	—	$1^{cent.}$ $0^{diz.}$ $1^{un.}$,	— 101;
Cent deux,	—	$1^{cent.}$ $0^{diz.}$ $2^{un.}$,	— 102; etc.

Cent quatre-vingt-dix-neuf, c'est-à-dire $1^{cent.}$ $9^{diz.}$ $9^{un.}$, s'écrit 199.

> **Exercices.** — 1. Combien y a-t-il de *centaines*, de *dizaines* et d'*unités* dans chacun des nombres : *cent six, cent trente-neuf, cent quatre-vingt-treize?*
>
> 2. Ecrivez en toutes lettres : 144 cavaliers, 198 fantassins.
>
> 3. Ecrivez en chiffres : *cent vingt* aiguilles, *cent quinze* épingles.
>
> 4. Combien faut-il de lettres pour écrire, en toutes lettres, le nombre 199 ?
>
> 5. Ecrivez en chiffres : un *siècle* est une période de *cent* années.
>
> 6. Ecrivez en chiffres : *cent trente-six.*
>
> 7. Ecrivez en toutes lettres : 121, 132, 157, 173.

---

33. — A partir de deux cents.

199 et *un*	font	*deux cents;*
Deux cents et *un*	—	*deux cent un;*
Deux cent un et *un*	—	*deux cent deux;* etc.

On peut aller ainsi jusqu'au nombre *deux cent quatre-vingt-dix-neuf.*

Deux cents,	c.-à-d. $2^{cent.}$ $0^{diz.}$ $0^{un.}$, s'écrit 200;
Deux cent un,	—	$2^{cent.}$ $0^{diz.}$ $1^{un.}$,	— 201;
Deux cent deux,	—	$2^{cent.}$ $0^{diz.}$ $2^{un.}$,	— 202; etc.

Deux cent quatre-vingt-dix-neuf, c'est-à-dire $2^{\text{cént.}}$ $9^{\text{diz.}}$ $9^{\text{un.}}$, s'écrit 299.

Exercices. — 1. Combien y a-t-il de *centaines*, de *dizaines* et d'*unités* dans chacun des nombres : *deux cent seize, deux cent cinquante-sept, deux cent soixante-dix-huit ?*

2. Ecrivez en toutes lettres : 289 chênes, 236 hêtres.

3. Ecrivez en chiffres : *deux cent soixante-onze* chasseurs.

4. Combien faut-il de lettres pour écrire, en toutes lettres, le nombre 299 ?

5. Ecrivez en chiffres : *deux cent trente-deux.*

6. Ecrivez en toutes lettres : 215, 248, 276.

7. Ecrivez de même : 224, 239, 267, 283.

―――――

34. — A partir de trois cents.

299 et *un*   font *trois cents ;*
Trois cents et *un*   — *trois cent un ;*
Trois cent un et *un* — *trois cent deux ;* etc.

On peut aller ainsi, de *centaine* en *centaine,* jusqu'au nombre *neuf cent quatre-vingt-dix-neuf.*

Trois cents,   c.-à-d. $3^{\text{cent.}}$ $0^{\text{diz.}}$ $0^{\text{un.}}$, s'écrit 300 ;
Trois cent un,   — $3^{\text{cent.}}$ $0^{\text{diz.}}$ $1^{\text{un.}}$,   —   301 ;
Trois cent deux,   — $3^{\text{cent.}}$ $0^{\text{diz.}}$ $2^{\text{un.}}$,   —   302 ; etc.

Neuf cent quatre-vingt-dix-neuf, c'est-à-dire $9^{\text{cent.}}$ $9^{\text{diz.}}$ $9^{\text{un.}}$, s'écrit 999.

Exercices.— 1. Combien y a-t-il de *centaines*, de *dizaines* et d'*unités* dans chacun des nombres : *trois cent cinq, cinq cent cinquante-cinq, sept cent quatre-vingt-treize ?*

2. Ecrivez en toutes lettres : 413 fauteuils, 860 chaises.

3. Ecrivez en chiffres : *neuf cent vingt* goujons, *six cent neuf* tanches.

4. Combien faut-il de lettres pour écrire, en toutes lettres, le nombre 999 ?

5. Ecrivez en chiffres : *six cent soixante-sept.*

6. Ecrivez en toutes lettres : 315, 549, 798.

7. Ecrivez de même : 444, 657, 891, 902.

35. — Les nombres de trois chiffres.

De 100 à 999, les nombres s'écrivent chacun avec *trois* chiffres : ce sont les *nombres de trois chiffres*.

Le chiffre de *gauche* exprime les *centaines* du nombre ; le *suivant* en exprime les *dizaines ;* le *dernier*, les *unités*.

Soit le nombre 478, écrit ci-dessous :

(gauche) 478 (droite) ;

le chiffre 4, qui est à *gauche*, exprime 4 *centaines* ; — le *suivant*, 7, exprime 7 *dizaines ;* — le *dernier*, 8, exprime 8 *unités*.

Exercices. — 1. Que représente le chiffre de *gauche* dans chacun des nombres 131, 312, 543 ?

2. Que représente le chiffre du *milieu* dans 875, 197, 409, 714 ?

3. Que représente le chiffre de *droite* dans 354, 666, 908, 802, 746 ?

4. Ecrivez en chiffres : *six cent onze.*

5. Ecrivez en chiffres : *neuf cent sept.*

6. Ecrivez en chiffres : *huit cent trente.*

7. Ecrivez en toutes lettres : 715 cailles, 842 perdrix.

36. — Les centaines.

Les *centaines* sont analogues aux *unités*, car on dit 1, 2, 3, ... *centaines*, comme on dit 1, 2, 3, ... *unités*. Les *centaines* sont les *unités du troisième ordre*.

Exercices. — 1. Ecrivez en toutes lettres : 100, 300, 500, 700, 900.

2. Ecrivez en chiffres : *neuf cents, huit cents, sept cents, six cents, cinq cents, quatre cents, trois cents, deux cents, cent.*

3. Ecrivez en toutes lettres : 108 villes, 739 villages.

4. Ecrivez de même : 415 toits, 728 cheminées.

5. Ecrivez de même : 637 portes, 946 fenêtres.

6. Ecrivez en chiffres : *neuf cent huit* escaliers.

7. Ecrivez en chiffres : *trois cent vingt-six* chambres.

37. — Les unités des trois premiers ordres.

Les unités des trois premiers ordres sont :
Les **unités simples** ou *unités du premier ordre*;
Les **dizaines**   ou *unités du deuxième ordre*,
Les **centaines**   ou *unités du troisième ordre.*

En tout nombre, *à partir de la droite :*
Le chiffre des unités du *premier* ordre se place au *premier* rang;
Le chiffre des unités du *deuxième* ordre se place au *deuxième* rang;
Le chiffre des unités du *troisième* ordre se place au *troisième* rang.

Lisons le nombre ci-dessous, *à partir de la droite :*

(gauche)   654   (droite);

le *premier* chiffre qu'on rencontre, c'est 4, représente 4 unités du *premier ordre* ou unités simples ; — le *deuxième* chiffre qu'on rencontre, c'est 5, représente 5 unités du *deuxième* ordre ou dizaines; — le *troisième* chiffre qu'on rencontre, c'est 6, représente 6 unités du *troisième* ordre ou centaines.

> **Exercices.** — 1. Combien y a-t-il d'unités du *premier* ordre dans chacun des nombres 847, 669, 400?
> 2. Combien y a-t-il d'unités du *deuxième* ordre dans chacun des nombres 305, 516, 738, 925?
> 3. Combien du *troisième* ordre dans 184, 693, 472, 251?
> 4. Ecrivez en toutes lettres : 926 abeilles.
> 5. Ecrivez de même : 774 abricots.
> 6. Ecrivez en chiffres : *cinq cent deux* abricotiers.
> 7. Ecrivez de même : *neuf cent trois* acacias.

38. — La classe des unités.

Les *unités* des 3 *premiers ordres* forment la **classe des unités.**

La *classe des unités* comprend : les *unités simples,* les *dizaines* et les *centaines.*

UNITÉS

centaines / dizaines / unités simples

On peut résumer dans le tableau ci-contre la composition de la *classe des unités*.

Exercices. — 1. Ecrivez en toutes lettres : 652 conscrits, 572 soldats, 496 vétérans.

2. Ecrivez en chiffres : *cinq cents* cailloux, *cent sept* pavés.

3. Quel nombre obtient-on en ajoutant 1 à 785 ?

4. Quel nombre obtient-on en retranchant 1 de 529 ?

5. Combien de lettres dans *écolier* ?

6. Combien de lettres dans *Constantinople* ?

7. Ecrivez en toutes lettres : un coq a 2 pattes ; un rat en a 4 ; un hanneton, 6 ; une araignée, 8 ; une écrevisse, 10.

CHAPITRE IV

LES NOMBRES DE 4, 5, 6 CHIFFRES

39. — A partir de mille.

Mille est le nombre qu'on obtient en ajoutant *un* à *neuf cent quatre-vingt-dix-neuf.*

Mille vaut *dix centaines.*

Mille et *un*	font *mille-un* ;
Mille-un et *un*	— *mille-deux* ;
Mille-deux et *un*	— *mille-trois* ; etc.

On peut aller ainsi jusqu'à *neuf mille neuf cent quatre-vingt-dix-neuf.*

Mille,	c.-à-d. $1^{mil.} 0^{cent.} 0^{diz.} 0^{un.}$,	s'écrit 1000 ;
Mille-un,	— $1^{mil.} 0^{cent.} 0^{diz.} 1^{un.}$,	— 1001 ;
Mille-deux,	— $1^{mil.} 0^{cent.} 0^{diz.} 2^{un.}$,	— 1002 ; etc.

Neuf mille neuf cent quatre-vingt-dix-neuf, c'est-à-dire $9^{mille} 9^{cent.} 9^{diz.} 9^{un.}$, s'écrit 9999.

Exercices. — 1. Combien y a-t-il de *mille*, de *centaines*, etc., dans chacun des nombres : *trois mille six cent vingt, huit mille six cents, quatre mille cinq.*

2. Ecrivez en toutes lettres tous les nombres de 7003 à 7015.

3. Ecrivez en chiffres tous les nombres de 9359 à 9372.

4. Ecrivez de même : *mille cent* vendeurs.

5. Ecrivez de même : *six mille* acheteurs.

6. Ecrivez en toutes lettres : 3227 acrobates.

7. Ecrivez de même : 8746 saltimbanques.

---

40. — Les nombres de 4 chiffres.

De 1000 à 9999, les nombres s'écrivent chacun avec 4 chiffres : ce sont les *nombres de 4 chiffres.*

Le chiffre de *gauche* exprime les *mille* du nombre ; le *suivant*, les *centaines ;* le suivant, les *dizaines ;* le dernier, les *unités.*

Soit le nombre 3548 écrit ci-dessous ·

(gauche)   3548   (droite)

le chiffre 3, qui est à *gauche*, exprime 3 *mille ;* — le *suivant*, 5, exprime 5 *centaines ;* — le *suivant*, 4, exprime 4 *dizaines ;* — le *dernier*, 8, exprime 8 *unités.*

Exercices. — 1. Que représente chaque chiffre de 7209 ?

2. Ecrivez en toutes lettres : 4540 clous, 6072 vis, 9826 pitons, 2016 crochets.

3. Ecrivez en chiffres : *sept mille six cent vingt-quatre* haricots, *huit mille trois* fèves, *deux mille cent trente-six* petits pois.

4. Ecrivez en chiffres : *quatre mille* adjectifs.

5. Ecrivez de même : *neuf mille deux* substantifs.

6. Ecrivez en toutes lettres : 9873 verbes.

7. Ecrivez de même : 7692 adverbes.

---

41. — A partir de dix mille.

9999 et *un*   font *dix mille ;*
Dix mille et *un*   — *dix mille un ;*
Dix mille un et *un*   — *dix mille deux ;* etc.

On peut aller ainsi jusqu'à *quatre-vingt-dix-neuf mille neuf cent quatre-vingt-dix-neuf.*

Dix mille, c'est-à-dire $1^{\text{diz. de mille}} \; 0^{\text{mille}} \; 0^{\text{cent.}} \; 0^{\text{diz.}} \; 0^{\text{un.}}$, s'écrit 10 000 ;

Dix mille un, c.-à-d. $1^{\text{diz. de mille}} \; 0^{\text{mille}} \; 0^{\text{cent.}} \; 0^{\text{diz.}} \; 1^{\text{un.}}$, s'écrit 10 001 ;

Dix mille deux, c.-à-d. $1^{\text{diz. de mille}} \; 0^{\text{mille}} \; 0^{\text{cent.}} \; 0^{\text{diz.}} \; 2^{\text{un.}}$, s'écrit 10 002 ; etc.

Quatre-vingt-dix-neuf mille neuf cent quatre-vingt-dix-neuf, c'est-à-dire $9^{\text{diz. de mille}} \; 9^{\text{mille}} \; 9^{\text{cent.}} \; 9^{\text{diz.}} \; 9^{\text{un.}}$, s'écrit 99 999.

Exercices. — 1. Combien y a-t-il de *dizaines de mille*, de *mille*, etc., dans chacun des nombres : *douze mille sept cent cinquante-huit, vingt mille six cent quarante, trente mille un ?*

2. Ecrivez en toutes lettres tous les nombres de 32 685 à 32 697.

3. Ecrivez en toutes lettres : 46 759 cartes.

4. Ecrivez en chiffres tous les nombres de 76 829 à 76 841.

5. Ecrivez de même : *trente mille cinq* affiches.

6. Ecrivez de même : *vingt mille deux cents* Africains.

7. Combien faut-il de lettres pour écrire, en toutes lettres, le nombre 99 999 ?

42. — Les nombres de 5 chiffres

De 10 000 à 99 999, les nombres s'écrivent chacun avec 5 chiffres : ce sont les *nombres de 5 chiffres.*

Le chiffre de *gauche* exprime des *dizaines de mille ;* le *suivant*, des *mille ;* le *suivant*, des *centaines ;* le *suivant*, des *dizaines ;* le *dernier*, des *unités.*

Dans le nombre 74 236 : le chiffre de *gauche* exprime 7 *dizaines de mille ;* — le *suivant*, 4 *mille ;* — le *suivant*, 2 *centaines :* — le *suivant*, 3 *dizaines ;* — le *dernier*, 6 *unités.*

Exercices.— 1. Qu'exprime chaque chiffre de 35 968 ?

2. Ecrivez en toutes lettres : 92 309 grains de blé ; 24 652 grains d'orge ; 46 671 grains de riz.

3. Ecrivez de même : 13 892 champignons.

4. Ecrivez de même : 99 615 brins d'herbe.

5. Ecrivez de même : 35 678 moutons.

6. Ecrivez de même : 11 136 agneaux.

7. Ecrivez en chiffres : *soixante-huit mille neuf cents* volumes ; *quatre-vingt mille trois* brochures ; *trente-un mille six cents* manuscrits.

43. — A partir de cent mille

99 999 *et un*　　　　font *cent mille ;*
Cent mille et *un*　　— *cent mille un ;*
Cent mille un et *un*　— *cent mille deux ;* etc.

On peut aller ainsi jusqu'à *neuf cent quatre-vingt-dix-neuf mille neuf cent quatre-vingt-dix-neuf.*

Cent mille, c'est-à-dire 1 cent. de mille 0 diz. de mille 0 mille 0 cent. 0 diz. 0 unité, s'écrit 100 000 ;

Cent mille un, c'est-à-dire 1 cent. de mille 0 diz. de mille 0 mille 0 cent. 0 diz. 1 unité, s'écrit 100 001 ;

Cent mille deux, c'est-à-dire 1 cent. de mille 0 diz. de mille 0 mille 0 cent. 0 diz. 2 unités, s'écrit 100 002 ; etc.

Neuf cent quatre-vingt-dix-neuf mille neuf cent quatre-vingt-dix-neuf s'écrit 999 999.

Exercices.— 1. Combien y a-t-il de *centaines de mille,* de *dizaines de mille,* etc., dans le nombre : *sept cent vingt-neuf mille huit cent soixante-quatorze ?*

2. Ecrivez en toutes lettres : 727 846 fantassins.

3. Ecrivez de même : 210 896 cavaliers.

4. Ecrivez de même : 117 039 artilleurs.

5. Ecrivez de même : 321 176 chevaux.

6. Ecrivez en toutes lettres tous les nombres de 426 961 à 426 973.

7. Ecrivez en chiffres tous les nombres de 748 977 à 748 991.

2.

44. — Les nombres de 6 chiffres.

De 100 000 à 999 999, les nombres s'écrivent chacun avec 6 chiffres : ce sont les *nombres de 6 chiffres*.

Le chiffre de *gauche* exprime des *centaines de mille;* le *suivant,* des *dizaines de mille;* le *suivant,* des *mille;* etc.

Dans 538 604, le chiffre de *gauche* exprime 5 *centaines de mille;* — le *suivant,* 3 *dizaines de mille;* — le *suivant,* 8 *mille;* — le *suivant,* 6 *centaines;* — le *suivant,* 0 *dizaines;* — le *dernier,* 4 *unités.*

Exercices. — 1. Qu'exprime chaque chiffre de 728 009?

2. Ecrivez en toutes lettres : 940 632 mouches.

3. Ecrivez de même : 261 162 moucherons.

4. Ecrivez de même : 489 765 moustiques.

5. Ecrivez en chiffres : *six cent mille cent.*

6. Ecrivez en chiffres : *neuf cent mille vingt.*

7. Ecrivez en chiffres : Saint-Pétersbourg a *six cent soixante-dix mille* habitants, et Constantinople en a *six cent mille.*

45. — Les mille, les dizaines et les centaines de mille.

Les **mille** sont les *unités du quatrième ordre;*

Les **dizaines de mille** sont les *unités du cinquième ordre;*

Les **centaines de mille** sont les *unités du sixième ordre.*

En tout nombre, *à partir de la droite :*

Le chiffre des unités du *quatrième* ordre se met au *quatrième* rang;

Le chiffre des unités du *cinquième* ordre se met au *cinquième* rang;

Le chiffre des unités du *sixième* ordre se met au *sixième* rang.

Lisons le nombre ci-dessous *à partir de la droite* :

(gauche) 328 097 (droite) ;

le chiffre 8 est au *quatrième* rang à partir de la droite ; il représente 8 unités du *quatrième* ordre, c'est-à-dire 8 mille ; — le chiffre 2 est au *cinquième* rang ; il représente 2 unités du *cinquième* ordre, c'est-à-dire 2 dizaines de mille ; — le chiffre 3 est au *sixième* rang ; il représente 3 unités du *sixième* ordre, c'est-à-dire 3 centaines de mille.

Exercices.—1. Combien y a-t-il de *mille* dans chacun des nombres : 1325, 35 640, 570 915, 680 004?

2. Combien y a-t-il de *dizaines de mille* dans chacun des nombres : 79 980, 92 628, 241 826, 801 326?

3. Combien de *centaines de mille* dans 461 813?

4. Ecrivez en toutes lettres : 165 836 moineaux.

5. Ecrivez de même : 936 877 pigeons.

6. Ecrivez en chiffres : *deux cent mille* hameçons.

7. Ecrivez de même : *cent trente mille* poinçons.

46. — La classe des mille.

Les unités des 4e, 5e, 6e ordres forment la **classe des mille**.

La **classe des mille** comprend les *mille*, les *dizaines de mille*, les *centaines de mille*.

On peut résumer, dans le tableau ci-contre, la *classe des mille* et *celle des unités* :

MILLE			UNITÉS		
cent. de mille	diz. de mille	mille	cent. d'unités	diz. d'unités	unités simples

Exercices.— 1. Récitez : les 20 nombres qui suivent 358 771.

2. Ecrivez en toutes lettres : les 20 nombres qui suivent 437 602 ; les 20 nombres qui suivent 599 991.

3. Ecrivez en chiffres : les 20 nombres qui suivent 701 643 ; les 20 nombres qui suivent 899 989.

4. Ecrivez en toutes lettres : 638 561 pêches.

5. Ecrivez de même : 778 639 poires.

6. Ecrivez en chiffres : *cent mille vingt* aiguilles.

7. Ecrivez de même : *trois cent mille* épingles.

47. — Les nombres qui ont des mille.

Quand on écrit les nombres qui ont des *mille*, on laisse un petit *vide* à la droite du chiffre des *mille*.

On écrit : non pas 12 810, mais 12 810.

Ce *vide* partage le nombre en deux **tranches** : celle des *mille*, celle des *unités*.

Dans la *tranche des mille*, il y a tantôt 1 chiffre, tantôt 2, tantôt 3. Dans la *tranche des unités*, il y en a toujours 3.

Pour écrire un nombre qui a des *mille*, on écrit, en une *première tranche*, combien ce nombre a de *mille*; en une *seconde*, combien il a d'*unités*.

Le nombre *trente-quatre mille six cent vingt-sept* contient 34 mille et 627 unités : il s'écrit 34 627.

> **Exercices.— 1.** Dites les 2 nombres qui comprennent 39 999 ?
>
> **2.** Ecrivez, en toutes lettres, les 10 nombres qui suivent et les 10 nombres qui précèdent 76 483.
>
> **3.** Ecrivez, en chiffres, les 10 nombres qui suivent et les 10 nombres qui précèdent 600 007.
>
> **4.** Ecrivez en toutes lettres : 654 321 fèves.
>
> **5.** Ecrivez de même : 765 432 haricots.
>
> **6.** Ecrivez en chiffres : *trois cent vingt-un mille six cent dix-sept* grains de riz.
>
> **7.** Ecrivez en chiffres : *neuf cent trente-six mille sept cent soixante-huit* grains de blé.

---

48. — Les deux précautions.

Pour écrire les nombres qui ont des *mille*, la première *précaution*, c'est de laisser un *vide* entre les deux tranches.

La seconde *précaution*, c'est de mettre toujours 3 *chiffres* à la *tranche des unités*.

Pour mettre 3 chiffres à la *tranche des unités*, on en met 1 pour les *centaines*, 1 pour les *dizaines*, 1 pour les *unités*.

Soit à écrire *vingt-cinq mille quarante-huit*. Il n'y a pas de centaines. La *tranche des unités* s'écrira 048. Le nombre s'écrira 25 048.

> **Exercices. — 1.** Écrivez en chiffres : *cent cinq mille*.
>
> **2.** Écrivez de même : *trois mille cent dix ; vingt-quatre mille deux cent sept ; cent trente-cinq mille quarante-huit.*
>
> **3.** Écrivez de même : *six mille cent ; treize mille quatre-vingts ; quatre cent soixante-huit mille huit.*
>
> **4.** Écrivez en toutes lettres : 434 505 poissons.
>
> **5.** Écrivez de même : 300 002 oiseaux.
>
> **6.** Écrivez de même : 678 900 reptiles.
>
> **7.** Écrivez de même : 123 456 insectes.

CHAPITRE V

RÉSUMÉ DE LA NUMÉRATION

—

49. — Les unités des différents ordres.

Les *unités* des six premiers *ordres* sont :

Les **unités simples** ou unités du *premier ordre ;*

Les **dizaines** ou unités du *deuxième ordre ;*

Les **centaines** ou unités du *troisième ordre ;*

Les **mille** ou unités du *quatrième ordre ;*

Les **dizaines de mille** ou unités du *cinquième ordre ;*

Les **centaines de mille** ou unités du *sixième ordre.*

Les *unités* des *ordres* suivants sont :

Les **millions** ou unités du *septième ordre ;*

Les **dizaines de millions** ou unités du *huitième ordre ;*

Les **centaines de millions** ou unités du *neuvième ordre ;*

Les **billions** ou **milliards** ou unités du *dixième ordre* ; etc.

Une *unité* d'un ordre quelconque vaut *toujours* 10 *unités* de l'ordre immédiatement inférieur.

1 *dizaine*	vaut	10 *unités simples;*
1 *centaine*	vaut	10 *dizaines;*
1 *mille*	vaut	10 *centaines:*
1 *dizaine de mille*	vaut	10 *mille*, etc.

Exercices.— 1. Combien 1 *million* vaut-il de *centaines de mille?*

2. Combien 1 *milliard* vaut-il de *centaines de millions?*

3. Ecrivez en toutes lettres : 6 547, 35 324, 926 504.

4. Ecrivez de même : Trévoux à 2 889 habitants; Bourg en a 15 692 ; Lyon, 342 815.

5. Ecrivez de même : Laon a 12 139 habitants; Moulins en a 21 774 et Saint-Quentin 38 924.

6. Ecrivez de même : 22 669 bûches.

7. Ecrivez de même : 987 600 allumettes.

---

50. — Les chiffres de rangs différents.

Les chiffres de *rangs différents* correspondent aux unités des *différents ordres.*

A partir de la droite, dans un nombre quelconque :
Le chiffre des unités du *premier* ordre se place au *premier* rang ;

Le chiffre des unités du *deuxième* ordre se place au *deuxième* rang ;

Le chiffre des unités du *troisième* ordre se place au *troisième* rang ; etc.

Dans le nombre ci-contre, chaque chiffre représente les unités marquées au-dessous de lui.

3 2 8 2 5 9 4 7 6 2 8

diz. de milliards
milliards
cent. de millions
diz. de millions
millions
cent. de mille
diz. de mille
mille
centaines
dizaines
unités

Exercices. — 1. Qu'exprime chaque chiffre de 15 829 543 ?

2. Qu'exprime chaque chiffre de 3 256 107 ?

3. Qu'exprime chaque chiffre de 128 006 942 ?

4. Qu'exprime chaque chiffre de 2 111 234 567 ?

5. Ecrivez en toutes lettres les nombres 176 907, 546 823, 928 413, 3 715 917.

6. Ecrivez de même : Besançon a 54 404 habitants ; Valence en a 23 220 ; Evreux, 14 627.

7. Ecrivez en toutes lettres : au dernier recensement la population de l'Espagne était de 16 345 472[hab].

---

51. — Les unités des différentes classes.

Les *unités* des différentes *classes* sont :

Les **unités simples** ou unités de la *première classe* ;

Les **mille** ou unités de la *deuxième classe* ;

Les **millions** ou unités de la *troisième classe* ;

Les **billions** ou **milliards** ou unités de la *quatrième classe* ;

Les **trillions** ou unités de la *cinquième classe* ; etc.

Une *unité* d'une classe quelconque vaut *toujours* 1 000 *unités* de la classe immédiatement inférieure.

1 *mille* vaut 1 000 *unités simples* ;
1 *million* vaut 1 000 *mille* ;
1 *billion* ou *milliard* vaut 1 000 *millions*, etc.

Chaque *classe* comprend 3 *ordres* d'unités.

Voici le tableau des *ordres* et des *classes* d'unités :

MILLIARDS			MILLIONS			MILLE			UNITÉS		
cent. de milliards	diz. de milliards	milliards	cent. de millions	diz. de millions	millions	cent. de mille	diz. de mille	mille	cent. d'unités	diz. d'unités	unités simples

Exercices. — 1. Combien 1 *trillion* vaut-il de *billions* ?

2. De quels *ordres* se compose la *classe des millions?*

3. De quels *ordres* se compose la *classe des milliards?*

4. Citez les dix nombres qui suivent 1 *million.*

5. Citez les dix nombres qui précèdent 1 *milliard.*

6. Ecrivez en toutes lettres : 101 001 arbres.

7. Ecrivez de même : la population de l'Italie était, au dernier recensement, de 26 801 154[hab].

---

52. — Les différentes tranches.

Les différentes *tranches* de chiffres correspondent aux différentes *classes* d'unités.

Dans un nombre quelconque, *à partir de la droite :*
La tranche des unités de la *première* classe est au *premier* rang ;

La tranche des unités de la *deuxième* classe est au *deuxième* rang ;

La tranche des unités de la *troisième* classe est au *troisième* rang ; etc.

Lisons le nombre ci-dessous *à partir de la droite :*

(gauche)   32 827 905 908   (droite) ;

la *première* tranche 908 est celle des unités simples ou unités de la *première* classe ; — la *deuxième* tranche 905 est celle des mille ou unités de la *deuxième* classe ; — la *troisième* tranche 287 est celle des millions ou unités de la *troisième* classe ; — la *quatrième* tranche 32 est celle des milliards ou unités de la *quatrième* classe.

Dans la *tranche de gauche*, il y a tantôt 1, tantôt 2, tantôt 3 chiffres. Dans chacune des *autres tranches*, il y en a *toujours* 3.

> **Exercices.** — 1. Que représente chaque tranche de :
> 47 826 507 407
>
> 2. Dites la tranche placée à la *gauche* de celle des *mille?*
>
> 3. Dites la tranche placée à la *droite* de celle des *milliards?*
>
> 4. Ecrivez en toutes lettres : l'année 1882.
>
> 5. Ecrivez de même : en 1870, la population de la Suisse était de 2 668 147[hab].

6. Il y avait 2527 aiguilles dans une boîte; on en ajoute 1. Combien y en a-t-il maintenant?

7. Il y avait 945867 pavés dans une rue; on en sort 1. Combien en reste-t-il?

---

53. — Lire les nombres de 1, 2, 3 chiffres.

On lit un nombre d'*un* seul chiffre en disant le nom de ce chiffre.

Pour lire 7, on dit *sept*.

On lit un nombre de *deux* chiffres, en indiquant combien il contient de *dizaines* et d'*unités*.

Pour lire 28, on dit 2 *dizaines* 8 *unités*, ou bien, suivant l'usage, *vingt-huit*.

On lit un nombre de *trois* chiffres, en disant combien il contient de *centaines*, de *dizaines* et d'*unités*.

Pour lire 439, on dit 4 *centaines*, 3 *dizaines*, 9 *unités*, ou bien, suivant l'usage, *quatre cent trente-neuf*.

> **Exercices. — 1.** Lisez : 3 ; 45 ; 778.
> **2.** Lisez : 7, 37, 328, 916, 49, 6.
> **3.** Ecrivez en toutes lettres : 311 tuiles creuses, 520 tuiles plates, 981 briques, 57 carreaux.
> **4.** Ecrivez de même : 26 noix, 432 amandes, 707 fèves, 936 noisettes.
> **5.** Ecrivez de même : 135 parapluies, 67 parasols, 42 ombrelles, 212 cannes.
> **6.** Ecrivez de même : 346 serrures, 227 clefs, 492 verrous, 415 chaînes.
> **7.** Ecrivez de même : 315 baguettes, 427 lattes, 211 planches, 74 poutres.

---

54. — Écrire un nombre inférieur à mille.

On écrit un nombre inférieur à 10, en marquant, par *un* seul chiffre, combien il contient d'*unités*.

Le nombre *cinq* s'écrit 5.

On écrit un nombre au moins égal à 10, mais inférieur à 100, en marquant par 2 chiffres combien il contient de *dizaines* et combien il contient d'*unités*.

Le nombre *quarante-huit* s'écrit 48.

On écrit un nombre au moins égal à 100, mais inférieur à 1000, en marquant par 3 chiffres combien il contient de *centaines*, de *dizaines* et d'*unités*.

Le nombre *six cent trente-quatre* s'écrit 634.

Exercices. — 1. Ecrivez en chiffres : *neuf cent soixante-quatorze.*

2. Ecrivez de même : *six cent vingt-six.*

3. Ecrivez de même : *trois, quatorze, neuf cent quatre-vingt-dix-huit.*

4. Ecrivez de même : *quatre, vingt-neuf, six cent soixante-dix-sept.*

5. Ecrivez de même : *huit, soixante, quatre cent quatre-vingt-dix-neuf.*

6. Ecrivez de même : *trois* horloges, *soixante-treize* pendules, *quatre cent huit* montres.

7. Ecrivez de même : le présent ouvrage renferme *quatre* livres, *vingt* chapitres, *deux cent quatorze* paragraphes.

---

55. — Lire un nombre de plus de trois chiffres.

Pour lire un nombre de plus de trois chiffres, on le partage d'abord en *tranches de 3 chiffres, à partir de la droite.*

Soit le nombre 37428936. On le partage en *tranches* par des vides, ou par des points placés en haut, c'est-à-dire qu'on l'écrit

37 428 936   ou bien   37·428·936.

Ensuite, *à partir de la gauche*, on énonce chaque *tranche* comme si elle était seule, et, aussitôt qu'on l'a énoncée, on dit son nom.

Le nombre 37 428 936 se lit 37 *millions*, 428 *mille*, 936.

Exercices. — 1. Lisez : 26 409, 17 811 400, 3 811 621 577.

2. Ecrivez en toutes lettres : Londres a 3 670 000 habitants ; Vienne en a 1 021 000.

3. Ecrivez en toutes lettres : 3426 fraises.

4. Ecrivez de même : 4502 framboises.

5. Ecrivez de même : en 1875, la population du Portugal était de 4 057 000ʰᵃᵇ.

6. Ecrivez de même : en 1876, la population de la Belgique était de 5 336 185ʰᵃᵇ.

7. Ecrivez de même : En 1878, il est entré dans Paris 1 020 706 tuiles et 37 891 164 briques de dimension ordinaire.

---

56. — Écrire un nombre au moins égal à mille.

Un nombre énoncé, au moins égal à mille, est toujours partagé en *classes*.

Soit *trois millions cinq cent vingt-six mille sept cent trente-huit.* Ce nombre est partagé en *millions, mille* et *unités.*

Pour écrire en chiffres un nombre au moins égal à mille, on écrit *tranche* par *tranche*, à partir de la gauche, combien il contient d'*unités* de chaque *classe*.

Soit encore *trois millions cinq cent vingt-six mille sept cent trente-huit*, on l'écrit 3 526 738.

Exercices. — 1. Ecrivez en chiffres : *quarante-sept millions huit cent seize mille six cent soixante-treize.*

2. Ecrivez de même : *mille.*

3. Ecrivez de même : *un million.*

4. Ecrivez de même : *un milliard.*

5. Ecrivez de même : *dix mille.*

6. Ecrivez de même : *cent millions.*

7. Ecrivez de même : en *mil huit cent soixante-un*, le nombre des habitants de Paris était de *un million six cent soixante-sept mille huit cent quarante-un.*

---

57. — Les deux précautions.

Quand on écrit un grand nombre, la première *précaution*, c'est de laisser des *vides* entre les différentes *tranches.*

La seconde précaution, c'est de faire que *toutes les*

tranches, sauf celle de gauche, aient *juste* 3 *chiffres*.

Pour mettre 3 *chiffres* à chaque *tranche*, on écrit un chiffre pour chacun des 3 *ordres* de la *classe* correspondante.

Soit le nombre 3 028 995. On y met 3 chiffres à la *tranche des mille*, en marquant qu'il y a, dans ce nombre, 0 *centaine de mille*, 2 *dizaines de mille*, et 8 *mille*.

Exercices. — **1.** Ecrivez en chiffres : *mille un*.

2. Ecrivez de même : *dix mille cent*.

3. Ecrivez de même : *un million trois*.

4. Ecrivez de même : *cent millions dix*.

5. Ecrivez de même : *deux milliards vingt*.

6. Ecrivez en chiffres : la population de l'Afrique est, dit-on, d'environ *deux cent un millions* d'habitants.

7. Ecrivez de même : la population de Péking est de *un million six cent mille* habitants, et celle de Canton est de *un million cinq cent mille*.

---

58. — La numération.

Ce que nous avons étudié jusqu'à présent constitue la **numération**.

La **numération** est l'ensemble des règles établies pour *former* les nombres, pour les *nommer* et pour les *écrire*.

Exercices. — **1.** Ecrivez en chiffres : *cent milliards*.

2. Ecrivez de même : *vingt-cinq millions*.

3. Ecrivez de même : *cent mille cent un*.

4. Ecrivez en toutes lettres : 4, 9, 71, 94.

5. Ecrivez de même : 412, 675, 997.

6. Ecrivez en chiffres : *deux millions cinq mille quinze*; *trente milliards sept cent vingt-neuf millions neuf cent cinquante mille soixante-douze*.

7. Ecrivez en toutes lettres : 7 203, 13 819, 426 547, 3 126 002, 54 629 318, 900 800 725, 7 751 428 309, 48 924 637 500.

LIVRE II

LE CALCUL

CHAPITRE PREMIER

L'USAGE DES NOMBRES

—

59. — Les collections d'objets.

Pour faire connaître une **collection d'objets**, on dit combien cette *collection* contient d'*objets*.

Un troupeau de 125 moutons.

> **Exercices. — 1.** Ecrivez en toutes lettres : une fourmilière contenant 4 000 fourmis.
>
> **2.** Ecrivez de même : un essaim de 915 abeilles.
>
> **3.** Ecrivez de même : un troupeau de 48 chèvres.
>
> **4.** Ecrivez de même : une foule de 2 000 personnes.
>
> **5.** Ecrivez de même : une population de 8 000 âmes.
>
> **6.** Ecrivez de même : un faisceau de 4 fusils.
>
> **7.** Ecrivez de même : une escouade de 8 hommes ; une compagnie de 120 hommes ; un bataillon de 776 hommes ; un régiment d'infanterie de 2 627 hommes.

---

60. — Les longueurs.

Pour faire connaître une **longueur**, on dit combien cette longueur contient de **mètres**.

Cette corde a 5 *mètres* de long.

En écrivant, pour abréger, on représente souvent le mot *mètre* par la simple lettre *m*.

Exercices. — 1. Ecrivez en toutes lettres : 3^m de ruban ; ce navire a 52^m de *long*.

2. Ecrivez de même : la flèche de la cathédrale de Rouen a 150^m de *haut*; la *hauteur* du mont Blanc est de 4810^m.

3. Ecrivez de même : la *profondeur* du puits de Grenelle est de 547^m ; le *tour entier* de la terre est de 40 000 000^m.

4. Ecrivez de même : 25 jours.

5. Ecrivez de même : 317 années.

6. Ecrivez de même : 4802 arbres.

7. Ecrivez de même : 65 615 escargots.

---

61. — Les aires ou superficies.

L'*étendue* d'un champ, d'un pré, d'un jardin, se nomme **aire** ou **superficie**.

Pour faire connaître la *superficie* d'un champ, on dit combien il contient d'**ares**.

Tel champ contient 35 *ares*.

En écrivant, pour abréger, on représente souvent le mot *are* par la simple lettre *a*.

Exercices. — 1. Ecrivez en toutes lettres : 3^a de terrain ; cette cour a une *superficie* de 7^a.

2. Ecrivez de même : ce jardin a une *superficie* de 19^a ; ce pré a une *superficie* de 82^a.

3. Ecrivez de même : ce champ a une *superficie* de 128^a ; la *superficie* totale de Paris est de 780 200^a.

4. Ecrivez de même : cette règle a 2^m de *long*.

5. Ecrivez de même : cette rue a 9^m de *large*.

6. Ecrivez de même : cette tour a 25^m de *haut*.

7. Ecrivez de même : cette chambre a 8^m de *long*, 5^m de *large* et 4^m de *haut*.

---

62. — Les volumes ou capacités.

La *contenance* d'un réservoir, d'un tonneau, d'un vase, se nomme **volume** ou **capacité**.

Pour faire connaître la *capacité* d'un vase, on dit combien ce vase contient de *litres*.

Un vase de 15 *litres*.

En écrivant, pour abréger, on représente souvent le mot *litre* par la simple lettre *l.*

Exercices. — 1. Ecrivez en toutes lettres : 2^l de lait ; ce seau contient 8^l d'eau.

2. Ecrivez de même : cet arrosoir contient 12^l d'eau ; ce tonneau a une *capacité* de 228^l.

3. Ecrivez de même : en 1878, il est entré dans Paris 2 232 484^l de vins en bouteilles, et 442 900 488^l de vins en cercles.

4. Ecrivez de même : une corde de 19^m.

5. Ecrivez de même : une chaîne de 8^m.

6. Ecrivez de même : une cour de 6^a.

7. Ecrivez de même : un champ de 52^a

---

63. — Les poids.

Pour faire connaître le **poids** d'un corps, on dit combien ce corps pèse de **kilogrammes**.

Ce colis pèse 18 *kilogrammes*.

En écrivant, pour abréger, on représente souvent le mot *kilogramme* par l'abréviation *Kg.*

Exercices. — 1. Ecrivez en toutes lettres : 2^{Kg} de sel ; ce bidon contient 3^{Kg} d'huile.

2. Ecrivez de même : cette botte de foin pèse 5^{Kg} ; ce panier renferme 15^{Kg} de raisins.

3. Ecrivez de même : en 1878, il est entré dans Paris 4 565 395^{Kg} de beurre et 4 916 136^{Kg} de fromages secs.

4. Ecrivez de même : une *longueur* de 28^m.

5. Ecrivez de même : une *superficie* de 15^a.

6. Ecrivez de même : un fût de 116^l.

7. Ecrivez de même : un réservoir de 100 000^l.

64. — La valeur des objets.

Pour faire connaître la **valeur** d'un objet, on dit combien cet objet vaut de **francs**.

Cette table vaut 53 *francs*.

En écrivant, pour abréger, on représente souvent le mot *franc* par la simple lettre *f*.

> **Exercices.** — 1. Ecrivez en toutes lettres : ce cahier vaut 1^f; cette chaise coûte 3^f.
>
> 2. Ecrivez de même : ce cheval s'est vendu 1256^f; on offre 6 327^f de ce pré.
>
> 3. Ecrivez de même : on a acheté cette maison au prix de 38 907^f; ce magnifique château vaut 1 250 000^f.
>
> 4. Ecrivez de même : cette maison a 11^m de *haut*.
>
> 5. Ecrivez de même : cet enclos a 29^a.
>
> 6. Ecrivez de même : ce vase contient 2^l.
>
> 7. Ecrivez de même : cette pierre pèse 291^{Kg}.

---

65. — Les durées.

Pour faire connaître une **durée**, on dit combien cette durée contient d'**heures**.

Nous nous sommes promenés 3 *heures*.

En écrivant, pour abréger, on représente souvent le mot *heure* par la simple lettre *h*.

> **Exercices.** — 1. Ecrivez en toutes lettres : une classe de 2^h; il faut 3^h pour arriver au sommet de cette montagne.
>
> 2. Ecrivez de même : on ne doit pas dormir plus de 7^h par nuit; la journée de ces ouvriers est de 11^h.
>
> 3. Ecrivez de même : pour aller de Paris à Marseille, le train rapide ne met guère que 15^h; le train omnibus en met près de 30.
>
> 4. Ecrivez de même : cet étang couvre 53^a.
>
> 5. Ecrivez de même : cette jarre contient 8^l.
>
> 6. Ecrivez de même : ce colis pèse 23^{Kg}.
>
> 7. Ecrivez de même : cette voiture vaut 936^f.

---

66. — Les grandeurs ou quantités.

On appelle **grandeur** ou **quantité** tout ce qui peut être *augmenté* ou *diminué*.

Une *longueur* est une *quantité*; un *poids* est une *quantité*, etc.

Pour faire connaître une *quantité*, on dit combien de fois elle contient une autre *quantité* de même nature, qu'on appelle **unité**.

Exercices. — 1. Une *aire* est-elle une *quantité?*
2. Un *volume* est-il une *quantité?*
3. Une *somme d'argent* est-elle une *quantité?*
4. Une *durée* est-elle une *quantité?*
5. Ecrivez en chiffres : *trois millions mille deux; soixante-dix millions quarante mille quatre-vingts.*
6. Ecrivez en chiffres : *quatre-vingt-dix millions cinquante mille soixante; trois cent millions cent mille deux cents.*
7. Ecrivez en chiffres : *sept cents millions quatre cent mille huit cents; neuf millions cinq mille six.*

67. — Les unités.

L'*unité*, dans une *collection* d'objets, c'est l'un quelconque des objets.

L'*unité* de *longueur* est le *mètre*.
L'*unité* de *superficie* est l'*are*.
L'*unité* de *capacité* est le *litre*.
L'*unité* de *poids* est le *kilogramme*.
L'*unité* de *monnaie* est le *franc*.
L'*unité* de *durée* est l'*heure*.

Exercices. — 1. Quelle est l'*unité* dans une troupe de soldats, un groupe d'écoliers?
2. Quelle est l'*unité* dans : un champ de 39^a?
3. Quelle est l'*unité* dans : une futaille de 564^l, un fardeau pesant 273^{Kg}?
4. Quelle est l'*unité* dans une valeur de 376^f, une cérémonie qui dure 4^h?
5. Quelle est l'*unité* dans : un troupeau de moutons; un tas de pommes; un sac de noix?

6. Quelle est l'*unité* dans : une longueur de 35^m; une superficie de 72^a; une capacité de 325^l?

7. Quelle est l'*unité* dans : un poids de 56^{Kg}; une somme de 729^f; une durée de 23^h?

---

68. — L'usage des nombres.

Les **nombres** servent à exprimer combien une *quantité* contient de fois son *unité*.

Dans cette phrase : « une longueur de 6^m »; le *nombre* 6 exprime combien la *longueur* considérée contient de fois l'*unité de longueur*, c'est-à-dire le mètre.

Exercices. — 1. Qu'exprime 7 dans une *aire* de 7^a?

2. Qu'exprime 12 dans une *capacité* de 12^l?

3. Qu'exprime 22 dans un *poids* de 22^{Kg}?

4. Qu'exprime 156 dans une *somme* de 156^f?

5. Ecrivez en chiffres : *trois millions un* mètres; *quarante millions deux mille* ares.

6. Ecrivez en chiffres : *cinq cents millions soixante mille* litres; *soixante-dix millions huit cents* kilogrammes.

7. Ecrivez en chiffres : *neuf millions soixante-dix* francs; *huit millions trois mille* heures.

---

69. — Le calcul.

Il faut savoir **calculer** très bien.

Calculer, c'est effectuer diverses **opérations** sur des *nombres donnés* pour en tirer d'*autres nombres*.

Il y a *quatre* opérations fondamentales.

Les *quatre* opérations fondamentales sont : l'**addition**, la **soustraction**, la **multiplication** et la **division**.

Exercices. — 1. Ecrivez en chiffres : *cent* francs.

2. Ecrivez de même : *trois mille* kilogrammes.

3. Ecrivez de même : *six cent vingt-cinq* heures.

4. Ecrivez de même : *cent vingt-six* enfants.

5. Ecrivez en toutes lettres : cette bouteille ne contient que 3^l; cette bonbonne en contient 22.

6. Ecrivez de même : la superficie de ce champ est de 108ᵃ ; celle de ce bois est de 385ᵃ.

7. Ecrivez de même : ce lac a une profondeur de 600ᵐ ; ce ballon s'est élevé à une hauteur de 7 000ᵐ.

---

70. — L'arithmétique.

La **science** qui nous apprend à *calculer* est l'arithmétique.

L'*arithmétique* nous enseigne, en général, tout ce qui concerne les nombres.

L'*arithmétique* est la **science des nombres**

Exercices. — 1. Ecrivez en chiffres: *mille* chevaux.

2. Ecrivez de même : un *million* de litres.

3. Ecrivez de même : *huit cents* arcs.

4. Ecrivez de même : *cinq cent mille* mètres.

5. Ecrivez en toutes lettres : pour faire ce devoir, il faut 1ʰ ; pour faire celui-ci, il en faut 3.

6. Ecrivez de même : cet employé gagne 1 200ᶠ par an ; cet autre, qui a plus de mérite, en gagne 2 500.

7. Ecrivez de même : cette voiture pèse 523ᴷᵍ ; cette locomotive en pèse 30 000.

CHAPITRE II

L'ADDITION

—

71. — Définition de l'addition.

Additionner ou **ajouter** plusieurs nombres, c'est former un nombre nouveau, contenant *à lui seul* autant d'unités que tous les nombres donnés *ensemble*.

Additionner 42 et 118, c'est former un nombre contenant *à lui seul* autant d'unités qu'en contiennent *ensemble* 42 et 118.

Exercices. — 1. Ecrivez en chiffres : *trois millions*

dix mille sept cents bœufs; *quarante millions deux mille huit cents* moutons.

2. Ecrivez de même : *quatre millions vingt mille huit cents* mètres; *cinquante millions six mille neuf cents* ares.

3. Ecrivez de même : *cinq millions soixante mille neuf cents* kilogrammes; *trente millions mille sept cents* francs.

4. Ecrivez en toutes lettres : 235 641 rats.

5. Ecrivez de même : 236^m, 4629^a.

6. Ecrivez de même : 32^l, 36 866^{Kg}.

7. Ecrivez de même : 3^h, 428 500^f.

---

72. — Signe et résultat de l'addition.

Le *signe de l'addition* est le signe $+$ qui s'énonce **plus.**

$5 + 3$ s'énonce **5** *plus* 3 et indique l'*addition* des deux nombres 5 et 3.

Le *résultat de l'addition* se nomme **somme** ou **total.**

Exercices. — 1. Comment s'énoncent : $4 + 9$; $4 + 7$; $3 + 5$?

2. Qu'indiquent : $9 + 1$; $7 + 2$; $5 + 3$; $3 + 4$?

3. Ecrivez en toutes lettres : 1 001 001 mètres ; 30 030 030 ares.

4. Ecrivez de même : 33 265 637^l.

5. Ecrivez de même : 628 000 007^{Kg}.

6. Ecrivez de même : 458^f, 326^h.

7. Ecrivez en chiffres : *deux millions deux mille deux* kilogrammes ; *quarante millions quarante mille quarante* francs; *cinq cents millions cinq cent mille cinq cents* litres.

---

73. — Problème se résolvant par l'addition.

« Une école a 3 classes : dans la première, il y a » 15 élèves ; dans la deuxième, 23 ; dans la troisième, » 38. Combien cette école a-t-elle d'élèves ? » — Ce *problème* se résout par l'*addition*.

Pour trouver le nombre des élèves de toute l'école, on *additionne* les nombres 15, 23, 38.

> **Exercices.** — 1. Comment trouve-t-on le nombre des habitants d'une maison où il y a 5 hommes, 3 femmes et 4 enfants?
>
> 2. Comment trouve-t-on le nombre des oiseaux d'une volière contenant 15 serins et 16 chardonnerets?
>
> 3. Comment trouve-t-on le nombre des soldats d'un régiment de 2 bataillons, l'un de 720 hommes, l'autre de 782?
>
> 4. Comment s'énoncent : $7 + 22$; $9 + 41$?
>
> 5. Comment s'énoncent : $10 + 53$; $11 + 64$?
>
> 6. Qu'indiquent : $12 + 72$; $13 + 83$?
>
> 7. Qu'indiquent : $14 + 95$; $15 + 108$?

---

74. — Procédé naturel pour additionner.

Le procédé le plus *naturel* pour *ajouter* un nombre à un autre, c'est d'*ajouter* à ce second nombre, *une à une,* toutes les unités du premier.

Pour *ajouter* 3 à 8, on dirait : 8 et 1 font 9; 9 et 1 font 10; 10 et 1 font 11. On a ajouté 3 unités. Le *total* est 11.

On n'opère *jamais* ainsi : ce serait trop long.

> **Exercices.** — 1. Ecrivez en toutes lettres : 4 030 200 mètres; 50 100 006 ares; 700 009 080 litres.
>
> 2. Ecrivez en chiffres : *neuf millions trente mille* kilogrammes; *quarante millions cinq cent mille sept* francs.
>
> 3. Comment s'énoncent : $3 + 16$; $6 + 12$; $9 + 6$?
>
> 4. Qu'indiquent : $11 + 2$; $14 + 5$; $17 + 18$?
>
> 5. Combien de *dizaines* dans le nombre 89?
>
> 6. Combien de *centaines* dans 827?
>
> 7. Combien de *mille* dans 4603?

---

75. — Ce qu'il faut savoir pour bien additionner.

Pour *bien additionner*, il faut savoir *par cœur* tous les *résultats* qu'on obtient en ajoutant *deux nombres d'un seul chiffre.*

Ces *résultats* sont contenus dans la **table d'addition**.

Exercices.— 1. Ecrivez en chiffres : les dix nombres qui suivent et les dix nombres qui précèdent 876 999.

2. Ecrivez en toutes lettres : 1 000 001, 20 000 002.

3. Ecrivez de même : 300 000 003, 4 000 000 004.

4. Ecrivez en chiffres : *cinq millions cinq.*

5. Ecrivez de même : *soixante millions six.*

6. Ecrivez de même : *sept cent millions sept.*

7. Ecrivez de même : *huit milliards huit.*

---

76. — La table d'addition.

1 et 1	font	2	4 et 1	font	5	7 et 1	font	8
2 et 1	—	3	5 et 1	—	6	8 et 1	—	9
3 et 1	—	4	6 et 1	—	7	9 et 1	—	10

On avait déjà obtenu tous ces *résultats* lorsqu'on avait *formé* les nombres qui suivent le nombre *un*.

Exercices. — 1. Additionnez : 3 et 1 ; 5 et 1.

2. Additionnez : 7 et 1 ; 9 et 1.

3. Additionnez : 2 et 1 ; 4 et 1.

4. Additionnez : 6 et 1 ; 8 et 1.

5. J'ai acheté 8^m d'étoffe. Il m'en manque encore 1^m. Combien aurais-je dû en acheter ?

6. Des matériaux couvrent 2^a de terrain. Combien couvriraient-ils s'ils couvraient 1^a de plus ?

7. Ecrivez en toutes lettres : 111 111.

---

77. — La table d'addition *(suite).*

1 et 2	font	3	4 et 2	font	6	7 et 2	font	9
2 et 2	—	4	5 et 2	—	7	8 et 2	—	10
3 et 2	—	5	6 et 2	—	8	9 et 2	—	11
1 et 3	font	4	4 et 3	font	7	7 et 3	font	10
2 et 3	—	5	5 et 3	—	8	8 et 3	—	11
3 et 3	—	6	6 et 3	—	9	9 et 3	—	12

Exercices. — 1. Additionnez : 5 et 2 ; 9 et 3.

2. Additionnez : 6 et 2 ; 8 et 3.

3. Additionnez : 7 et 2 ; 7 et 3.

4. Additionnez : 8 et 2 ; 6 et 3.

5. Additionnez : 9 et 2 ; 5 et 3.

6. Il y a, dans un panier, 3^{Kg} de cerises et 2^{Kg} de fraises. Dites le poids de tout ce qu'il contient.

7. Le train du chemin de fer devait arriver à 8^h ; il a eu 3^h de retard ; à quelle heure est-il arrivé ?

---

78. — La table d'addition (suite).

1 et 4 font 5	4 et 4 font 8	7 et 4 font 11
2 et 4 — 6	5 et 4 — 9	8 et 4 — 12
3 et 4 — 7	6 et 4 — 10	9 et 4 — 13
1 et 5 font 6	4 et 5 font 9	7 et 5 font 12
2 et 5 — 7	5 et 5 — 10	8 et 5 — 13
3 et 5 — 8	6 et 5 — 11	9 et 5 — 14

Exercices. — 1. Additionnez : 2 et 4 ; 9 et 5.

2. Additionnez : 6 et 4 ; 8 et 5.

3. Additionnez : 7 et 4 ; 7 et 5.

4. Additionnez : 8 et 4 ; 6 et 5.

5. Additionnez : 9 et 4 ; 5 et 5.

6. La grande place d'une commune a 5^a ; on l'agrandit de 4^a. Quelle étendue aura-t-elle ?

†7. Cette banquette a 3^m de long, et cette autre 4^m. On les met bout à bout. Quelle est la longueur totale ?

---

79. — La table d'addition (suite).

1 et 6 font 7	4 et 6 font 10	7 et 6 font 13
2 et 6 — 8	5 et 6 — 11	8 et 6 — 14
3 et 6 — 9	6 et 6 — 12	9 et 6 — 15
1 et 7 font 8	4 et 7 font 11	7 et 7 font 14
2 et 7 — 9	5 et 7 — 12	8 et 7 — 15
3 et 7 — 10	6 et 7 — 13	9 et 7 — 16

Exercices. — 1. Additionnez : 5 et 6 ; 9 et 7.

2. Additionnez : 6 et 6 ; 8 et 7.

3. Additionnez : 7 et 6 ; 7 et 7.

4. Additionnez : 8 et 6 ; 6 et 7.

5. Additionnez : 9 et 6 ; 5 et 7.

6. Une liste a 2 colonnes : la première contient 7 noms, la seconde 6 ; combien de noms en tout?

7. Un pré se compose de deux parties : l'une de 9^a, l'autre de 7^a. Quelle est sa superficie totale?

80. — La table d'addition (fin).

1 et 8 font 9	4 et 8 font 12	7 et 8 font 15
2 et 8 — 10	5 et 8 — 13	8 et 8 — 16
3 et 8 — 11	6 et 8 — 14	9 et 8 — 17
1 et 9 font 10	4 et 9 font 13	7 et 9 font 16
2 et 9 — 11	5 et 9 — 14	8 et 9 — 17
3 et 9 — 12	6 et 9 — 15	9 et 9 — 18

Exercices. — 1. Additionnez : 5 et 8 ; 9 et 9.

2. Additionnez : 6 et 8 ; 8 et 9.

3. Additionnez : 7 et 8 ; 7 et 9.

4. Additionnez : 8 et 8 ; 6 et 9.

5. Additionnez : 9 et 8 ; 5 et 9.

6. Une corde a 8^m ; on la noue au bout d'une autre qui a 9^m. Quelle est la longueur totale?

7. Un domestique avait 5^f ; on lui en donne 8. Combien a-t-il maintenant?

81. — Du zéro dans l'addition.

Quand on ajoute *zéro* à un *nombre*, on retrouve ce *nombre*.

En ajoutant 0 à 5, on retrouve 5.

Quand on ajoute un *nombre* à *zéro*, on trouve le *nombre* ajouté.

En ajoutant 3 à 0, on trouve 3.

Exercices. — 1. Additionnez : 8 et 0 ; 0 et 7.

2. Additionnez : 4 et 0 ; 0 et 9.

3. Additionnez : 2 et 2 ; 4 et 4 ; 6 et 6.

4. Additionnez : 3 et 3 ; 5 et 5 ; 7 et 7.

5. Il faut 8^h pour faire un voyage ; on part à 2^h. A quelle heure arrive-t-on?

6. La grêle a tout détruit sur 5^a de notre commune et 4^a de la commune voisine. Dites le nombre des ares ravagés sur ces deux communes?

7. Ce tuyau de plomb pèse 7^{Kg}, ce tuyau de cuivre 6^{Kg}. Combien pèsent ces deux tuyaux ensemble?

---

82. — Addition d'un nombre d'un chiffre.

Il suffit de savoir la *table d'addition* pour ajouter un nombre d'*un chiffre* à un nombre quelconque.

Soit à ajouter 5 à 28. On sait que 8 et 5 font 13. Donc 28 et 5 font 20 et 13, c'est-à-dire 33.

Exercices.—1. Additionnez : 33 et 7 ; 45 et 9.

2. Additionnez : 26 et 3 ; 67 et 5.

3. Additionnez : 45 et 5 ; 66 et 8.

4. Comptez de deux en deux, depuis 1 jusqu'à 30.

5. Comptez de trois en trois, depuis 2 jusqu'à 40.

6. Ce frêne a 13^m de haut. Quelle est la hauteur de cet autre qui a 4^m de plus?

7. J'ai acheté une malle de 28^f et une sacoche de 3^f. Combien ai-je dépensé?

---

83. — Addition de plusieurs nombres d'un chiffre.

Pour additionner plusieurs nombres d'**un chiffre**, au premier de ces nombres, on ajoute le deuxième ; au total obtenu, on ajoute le troisième ; et ainsi de suite.

Soient à additionner 3, 7, 8 et 5. On dit : 3 et 7.... 10 ; 10 et 8.... 18 ; 18 et 5.... 23. La somme cherchée est 23.

Exercices. — 1. Additionnez : 1, 5 et 9.

2. Additionnez : 2, 7, 3 et 4.

3. Additionnez : 3, 8, 9 et 6.

4. Additionnez : 7, 8, 5 et 4.

5. Un paresseux a perdu 2^h à jouer, 1^h à se promener

et 3ʰ à dormir. Combien d'heures a-t-il perdues en tout?

6. Il y a, dans une ménagerie : 4 lions, 5 hyènes et 8 ours. En tout, combien d'animaux?

7. Un domaine contient 7ª plantés en vignes, 8ª en froment, et 9ª en pommes de terre. Combien contient-il d'ares?

84. — Disposition des nombres pour l'addition.

Pour additionner plusieurs nombres, on les place *les uns sous les autres,* de façon que les *unités* soient sous les *unités,* les *dizaines* sous les *dizaines,* etc.

On tire une *barre* au-dessous de tous ces nombres.

C'est sous cette *barre* qu'on écrira la *somme* cherchée.

Soient à additionner les nombres 321, 402 et 35. On les dispose comme on le voit ci-contre.

$$\begin{array}{r} 321 \\ 402 \\ 35 \\ \hline \end{array}$$

Exercices. — 1. Disposez pour l'addition : 43, 307, 8196, 98 607.

2. Disposez pour l'addition : 36, 28, 49 et 95.

3. On possède 385ᴷᵍ de houille et 9ᴷᵍ de charbon de bois. Quel est le poids de tout ce charbon?

4. Un apprenti a fait avant-hier 6ᵐ d'ouvrage, hier 7ᵐ et aujourd'hui 9ᵐ. Combien de mètres en ces 3 jours?

5. Un homme a 76 ans. Quel âge aura-t-il dans 8 ans?

6. Ce tonnelet contient 19ˡ. Cet autre contient 4ˡ de plus. Dites la capacité de ce dernier.

7. J'ai acheté deux volumes. L'un m'a coûté 11ᶠ et l'autre 8. Combien ai-je dépensé?

85. — Addition de nombres quelconques.

Les nombres étant placés les uns sous les autres, *on ajoute les chiffres de la colonne des unités, puis ceux de la colonne des dizaines, puis ceux de la colonne des centaines,* etc.

Soient à additionner les nombres ci-contre. La colonne des unités a pour somme 8 : on écrit 8 au-dessous d'elle. La colonne des dizaines a pour somme 5 : on écrit 5. La colonne des centaines a pour somme 7 : on écrit 7. Le total cherché est 758.

```
 321
 402
  35
----
 758
```

Exercices. — 1. Additionnez : 134, 240 et 4311.

2. Additionnez : 101, 333, 2222 et 11.

3. Additionnez : 210, 7311, 8 et 150.

4. Additionnez : 8321, 407 et 61.

5. Additionnez : 1111, 302, 53 et 2.

6. Cette malle coûte 22ᶠ. Cette autre en coûte 35. Combien coûtent-elles ensemble ?

7. J'ai payé ce matin une somme de 2151ᶠ, une autre de 703ᶠ et une autre de 124ᶠ. Combien ai-je payé en tout ?

86. — Des retenues dans l'addition.

Si une colonne a un total *supérieur* à 9, on écrit sous cette colonne, non pas ce total lui-même, mais seulement le *chiffre* de ses *unités*.

On **retient** les *dizaines* de ce total pour les ajouter à la *colonne suivante*.

Soient à additionner les nombres ci-contre. La colonne des unités a pour somme 8 : on écrit 8 sous cette colonne. La colonne des dizaines a pour somme 14 : on écrit 4 et on retient 1. Ajoutant ce 1 à la colonne suivante, on trouve 23 : on écrit 3 et on retient 2. La colonne des mille re donnant rien, on écrit simplement, au rang des mille, le 2 qu'on a retenu. La somme cherchée est 2348.

```
 895
 230
 321
 902
----
2348
```

Exercices. — 1. Additionnez : 81 419, 50 609.

2. Additionnez : 95 258, 46 641, 45 068, 59 904.

3. Additionnez : 83 456, 74 743, 59 586.

4. Additionnez : 105 920, 90 486, 47 248.

5. Additionnez : 38 969, 51 422, 19 085, 32 941.

6. Additionnez : 124 061, 104 674, 48 111, 66 654.

7. Deux colis pèsent l'un 46ᴷᵍ, l'autre 69ᴷᵍ. Combien pèsent-ils ensemble ?

87. — De l'ordre où l'on additionne.

La *somme* de deux nombres *ne change pas* quand on *change l'ordre* où on les additionne.

5 + 8 donnent 13 ; et 8 + 5 donnent aussi 13.

Ce fait est général : étant donnés plusieurs nombres, leur *somme ne dépend pas* de l'*ordre* où on les additionne.

Exercices.— 1. Additionnez : 115 et 329, 329 et 115.

2. Additionnez : 118 563, 65 727, 90 183, 131 310.

3. Additionnez : 46 940, 14 704, 19 335, 33 633.

4. Additionnez : 106 925, 73 670, 23 009.

5. Un laboureur a commencé son labour à 4ʰ du matin. Il a labouré pendant 7ʰ. A quelle heure a-t-il eu fini ?

6. Deux murs, placés à la suite l'un de l'autre, ont l'un 32ᵐ, l'autre 88. Dites la longueur totale.

7. Un tonneau contient 179ˡ de vin. Il en faudrait 42 pour achever de le remplir. Quelle est sa capacité ?

88. — Preuve de l'addition.

La **preuve** d'une *opération* est une seconde *opération* que l'on fait pour *vérifier* la première.

Pour faire la *preuve de l'addition*, on additionne de nouveau, dans un *autre ordre* : on doit trouver le *même résultat*.

Si, par exemple, on a additionné de *haut en bas*, on additionne de *bas en haut*.

Exercices. — 1. Additionnez : 11 654, 39 857, 45 639, 541, 37, 128 919 ; et faites la preuve.

2. Additionnez : 65 938, 54 307, 43 016, 56 919, et faites la preuve.

3. Additionnez : 131 428, 142 697, 98 909.

4. Additionnez : 325 639, 428 642, 1314.

5. Additionnez : 99 536, 73 104, 65 901, 50 282.

6. Additionnez : 109 272, 109 677, 84 559.

7. On travaille à un ouvrage depuis 6579^h. Il faut, pour l'achever, encore 428^h. Combien y aura-t-on mis d'heures?

CHAPITRE III

LA SOUSTRACTION

—

89. — Définition de la soustraction.

Soustraire ou **retrancher** un nombre d'un autre, c'est chercher ce qu'il reste quand on *ôte* du second de ces nombres toutes les *unités* qui composent le premier.

Soustraire 8 de 15, c'est chercher ce qu'il reste quand on *ôte* du nombre 15 toutes les *unités* du nombre 8.

Exercices. — 1. Qu'est-ce que soustraire 7 de 29 ?

2. Additionnez : 831 927, 417 613, 6333.

3. Additionnez : 41 127, 9099, 635 468.

4. Additionnez : 155 388, 95 667, 1785.

5. Additionnez : 144 973, 93 911, 2 236, 114, 14.

—6. Il y a, chez un marchand, 215 balais de jonc et 138 balais de crin. Dites le nombre total de ces balais.

7. Un propriétaire possédait 3627^a de terre. Il en achète 859^a. Combien en possédera-t-il?

---

90. — Signe et résultat de la soustraction.

Le *signe de la soustraction* est le signe — qui s'énonce **moins**.

15—8 s'énonce 15 *moins* 8, et indique qu'il faut *retrancher* 8 de 15.

Le *résultat de la soustraction* se nomme **reste**, **excès** ou **différence**.

Exercices. — 1. Comment s'énoncent : 13 — 4; 15 — 2?

2. Qu'indiquent : 26 — 7 ; 28 — 8 ; 30 — 9 ?

3. Additionnez : 3, 18, 957, 8413.

4. Additionnez : 98, 987, 9876, 98765.

5. Additionnez : 131 465, 37 398, 61 906, 55 281.

6. Additionnez : 98 428, 101 646, 40 239, 83 627.

7. Un bateau porte 9627^{Kg} de moellons ; 1776^{Kg} de plâtre et 3841^{Kg} de sable. Dites le poids de tout son chargement ?

91. — Problème se résolvant par la soustraction.

« Il y avait 23 moutons dans un troupeau. On en a » vendu 7. Combien en reste-t-il ? » — Ce *problème* se résout par la *soustraction.*

Pour trouver le nombre des moutons restants, on *soustrait* 7 de 23.

Exercices. — 1. Un ouvrier, sur 32^m d'ouvrage, en a fait 25. Comment trouvera-t-on ce qu'il lui reste encore à faire ?

2. On me devait 928^f. On m'en donne 297. Comment trouverai-je combien on me redoit ?

3. Un tonneau contenait 229^l de vin. Il s'en perd 52^l. Comment saura-t-on ce qu'il en reste ?

4. Additionnez : 3, 33, 333, 3333.

5. Additionnez : 1, 20, 300, 4000.

6. Additionnez : 5, 55, 555, 5555.

7. Additionnez : 38 et 64 ; 64 et 38.

92. — Procédé naturel pour soustraire.

Le procédé le plus *naturel* pour *soustraire* un nombre d'un autre, c'est de *retrancher* de ce second nombre, *une à une,* toutes les unités du premier.

Pour *soustraire* 3 de 8, on dirait : 1 ôté de 8, il reste 7 ; 1 ôté de 7, il reste 6 ; 1 ôté de 6, il reste 5. On a retranché 3 unités ; le *résultat* cherché est 5.

On n'opère *jamais* ainsi : ce serait trop long.

Exercices. — 1. Ecrivez en chiffres : *un million, un milliard, un trillion.*

2. Il est 3ʰ. Dans 4ʰ d'ici, quelle heure sera-t-il?

3. Hier était le 13 du mois. Demain sera le combien?

4. Mai a 31 jours et juin 30. Combien ces deux mois en ont-ils ensemble?

5. On réunit deux troupeaux ayant l'un 72 moutons et l'autre 59. Combien a-t-on réuni de moutons?

6. Un musée a 2 salles. Dans la première, il y a 65 tableaux, et, dans la seconde, 47. Combien de tableaux en tout dans ce musée?

7. Une marmite vide pèse 4ᴷᵍ. Combien pèse-t-elle lorsqu'elle contient 1ᴷᵍ de bœuf et 3ᴷᵍ de bouillon?

93. — Ce qu'il faut savoir pour bien soustraire.

Pour *bien soustraire*, il suffit de savoir retrancher un *nombre d'un seul chiffre* d'un autre nombre qui ne le *dépasse pas de dix unités.*

On sait faire toutes les soustractions de cette sorte dès qu'on possède bien la *table d'addition.*

On sait, par exemple, que 12 moins 3 donnent 9, dès que l'on sait que 9 et 3 font 12.

Il n'y a pas de *table de soustraction.*

Exercices.—1. Retranchez : 2 de 4; 4 de 9; 5 de 13.

2. Retranchez : 6 de 10; 7 de 15; 8 de 14.

3. Retranchez : 3 de 8; 3 de 12; 1 de 10.

4. Retranchez : 9 de 18; 7 de 13; 4 de 11.

5. J'avais 13 serins. J'en ai perdu 5. Combien m'en reste-t-il?

6. Cette colonne a 11ᵐ de haut; cette autre n'en a que

7. De combien cette dernière est-elle moins élevée?

7. Pour payer 3ᶠ, j'ai donné une pièce d'or de 10ᶠ. Quelle somme doit-on me rendre?

94. — Du zéro dans la soustraction.

Quand on retranche un nombre d'un autre, qui lui est *égal,* on trouve pour reste *zéro.*

5 — 5 donnent pour reste *zéro*.

Quand on ôte 0 d'un *nombre*, il reste ce *nombre*.

13 — 0 donnent pour reste 13.

> **Exercices.** — 1. Que donnent 18 — 18 ?
>
> **2.** Que donnent 34 — 0 ?
>
> **3.** Sur 14 poires, il y en a 6 qui sont gâtées. Dites le nombre des bonnes.
>
> **4.** En se mettant au jeu, Louis avait 17 billes. Il en a perdu 8. Combien lui en reste-t-il ?
>
> **5.** Il faut 15^h pour faire ce voyage. Voilà 8^h que je suis en route. Dans combien d'heures arriverai-je ?
>
> **6.** Marie avait 7 aiguilles ; elle en a cassé 4. Combien lui en reste-t-il ?
>
> **7.** Un champ a une étendue de 17^a ; on en a déjà labouré 9^a. Combien en reste-t-il à labourer ?

95. — Disposition des nombres pour la soustraction.

Pour faire la soustraction, on place le petit nombre *sous* le grand, de façon que les *unités* soient sous les *unités*, les *dizaines* sous les *dizaines*, etc.

On tire ensuite une *barre* sous ces 2 nombres.

C'est sous cette *barre* qu'on écrira la *différence* cherchée.

Soit à retrancher 642 de 795. On dispose ces deux   795
nombres comme on le voit ci-contre.   642

> **Exercices.** — 1. Disposez pour la soustraction : 67 549 et 35 348.
>
> **2.** Retranchez : 5 de 12 ; 7 de 12 ; 9 de 12.
>
> **3.** Un cordage a 15^m de long ; il a 6^m de trop. Quelle longueur devrait-il avoir ?
>
> **4.** Une dame avait 11^f dans son porte-monnaie ; elle en dépense 5. Combien lui en reste-t-il ?
>
> **5.** Additionnez : 3 629, 4 948, 7 659.
>
> **6.** Additionnez : 4 720, 16 958, 99 888.
>
> **7.** Un domaine m'a coûté 37 625^f. Combien dois-je le revendre pour gagner 7 400^f ?

96. — Soustraction de deux nombres quelconques.

Le petit nombre étant placé sous le grand, *on retranche*, en commençant par la droite, *chaque chiffre du petit nombre du chiffre qui est placé au-dessus.*

Soit à effectuer la soustraction ci-contre. On dit, en commençant par la droite : 2 ôtés de 5, il reste 3 ; on écrit 3. Puis 4 ôtés de neuf, il reste 5 ; on écrit 5. Puis 6 ôtés de 7, il reste 1 ; on écrit 1. La différence cherchée est 153.

$$\begin{array}{r} 795 \\ 642 \\ \hline 153 \end{array}$$

Exercices. — 1. Retranchez : 47 810 de 58 880.

2. Retranchez : 33 054 de 79 156.

3. Retranchez : 154 021 de 294 054 ; 142 de 138 563.

4. Un charpentier aurait pu travailler le mois dernier 268^h. Il n'en a travaillé que 243. Combien d'heures a-t-il perdues ?

5. Il y a, dans le livre que j'étudie, 476 alinéas. J'en ai lu 326.. Combien m'en reste-t-il à lire ?

6. Additionnez : 7825, 10 726 et 8227.

7. Additionnez : 13 628, 40 300 et 2729.

97. — Des retenues dans la soustraction.

Si un chiffre du bas *dépasse* le chiffre qui est au-dessus, on ajoute 10 à celui-ci, puis on retranche le chiffre du bas.

Mais alors on **retient 1** qu'on ajoute au *chiffre inférieur suivant.*

Soit à effectuer la soustraction ci-contre. On commence par la droite et l'on dit : 6 ôtés, non pas de 5, mais de 15, il reste 9 ; on écrit 9 et on retient 1. Puis 1 et 3 font 4 ; 4 ôtés, non pas de 2, mais de 12, il reste 8 ; on écrit 8 et on retient 1. Enfin 1 et 4... 5 ; 5 ôtés de 7, il reste 2 ; on écrit 2. Le reste cherché est 289.

$$\begin{array}{r} 725 \\ 436 \\ \hline 289 \end{array}$$

Exercices. — 1. Retranchez : 71 623 de 74 306.

2. Retranchez : 55 362 de 68 231 ; 113 622 de 115 166.

3. Retranchez : 48 871 de 85 933 ; 48 476 de 72 112.

4. Retranchez : 91 776 de 222 988 ; 108 550 de 165 200.

5. Un marécage avait 2 321ᵃ; on en a desséché 936ᵃ. Quelle étendue a-t-il maintenant?

6. Un libraire avait 2 640 volumes. Il en a vendu 1 167. Combien lui en reste-t-il?

7. J'ai fait hier, en marchant, 12 813ᵐ et avant-hier 13 629. Combien en tout?

---

98. — Preuve de la soustraction.

Pour faire la *preuve de la soustraction*, on ajoute le *reste* au *petit nombre :* on doit retrouver le *grand*.

Supposons qu'en retranchant 268 de 329, on ait trouvé le reste 61. Pour faire la preuve, on ajoute 61 à 268 ; on doit retrouver 329.

Exercices. — 1. Retranchez 3 628 de 100 000, et faites la preuve de cette soustraction,

2. Retranchez : 92 726 de 126 028.

3. Retranchez : 89 395 de 112 496.

4. Retranchez : 89 118 de 103 013.

5. Retranchez : 66 976 de 78 912.

6. Un domaine a été acheté 52 110ᶠ. On a payé comptant 27 515ᶠ. Combien doit-on encore?

7. Additionnez : 26 796, 15 098 et 11 860.

CHAPITRE IV

LA MULTIPLICATION

—

99. — Définition de la multiplication.

Multiplier un nombre par un autre, c'est *prendre autant de fois* le premier, qu'il y a d'*unités* dans le second.

Multiplier 7 par 3, c'est *prendre* 3 fois 7, c'est faire la somme de 3 nombres égaux à 7.

Exercices. — 1. Additionnez : 126 035 et 70 928.

2. Additionnez : 72 256, 19 211 et 72 965.

3. Retranchez : 123 619 de 196 118.

4. Retranchez : 111 775 de 121 844.

5. Retranchez : 27 167 de 83 672.

6. Dans une laiterie, on a vendu : lundi 121^l de lait, mardi 119^l, mercredi 127^l. Combien de litres en tout dans ces 3 jours ?

7. Il faut 37^h pour lire un livre. On a lu pendant 28^h. Dans combien d'heures aura-t-on fini cette lecture ?

---

100. — Signe, nombres donnés, résultat.

Le *signe de la multiplication* est le signe $\times$, qui s'énonce **multiplié par**.

6×4 s'énonce 6 *multiplié par* 4 et indique qu'il faut *multiplier* 6 par 4.

Les *nombres* qu'on multiplie l'un par l'autre sont les deux **facteurs** de la multiplication.

Le *facteur* qu'on multiplie est le **multiplicande ;** le *facteur* par lequel on multiplie est le **multiplicateur.**

Quand on multiplie 6 par 4, les nombres 6 et 4 sont les deux *facteurs* ; 6 est le *multiplicande* ; 4 est le *multiplicateur.*

Le *résultat de la multiplication* se nomme **produit.**

Exercices. — 1. Comment s'énonce 11×3 ?

2. Qu'indique l'expression 11×3 ?

3. Dans la multiplication de 11 par 3, que sont 11 et 3 ?

4. Dans cette multiplication de 11 par 3, comment se nomme 11 ? Comment se nomme 3 ?

5. Comment se nomme le résultat de cette même multiplication ?

6. Il y avait sur un vaisseau $7\,384^{Kg}$ de biscuit. L'équipage et les passagers en ont déjà consommé $3\,209^{Kg}$. Combien maintenant en reste-t-il ?

7. Un domaine a $32\,520^a$. A combien d'ares faudrait-il porter son étendue pour l'augmenter de $9\,687^a$?

101. — Problème se résolvant par la multiplication.

« Dans une classe, il y a 4 tables ; à chacune de ces
» tables, il y a 6 élèves ; combien cette classe contient-
» elle d'élèves ? » — Ce *problème* se résout par la
multiplication.

Pour le résoudre, il faut prendre 4 fois 6 élèves,
c'est-à-dire *multiplier* 6 par 4.

Exercices. — 1. Voici 4 terrines de 5^{Kg} chacune.
Comment trouvez-vous combien elles pèsent toutes
ensemble ?

2. On veut faire 6 rideaux. Un seul demande 8^m
d'étoffe. Comment trouve-t-on combien il faut d'étoffe
pour faire les 6 ?

3. Comment trouvez-vous combien il faut d'argent pour
acheter 7 poulets à 2^f pièce ?

4. Additionnez : 86 008, 70 215 et 54 106.

5. Additionnez : 63 472, 273 801 et 314.

6. Retranchez : 237 852 de 1 988 806.

7. Retranchez : 184 191 de 2 410 849.

102. — Procédé naturel pour multiplier.

Le procédé le plus *naturel* pour *multiplier*, c'est de
faire la *somme* d'autant de nombres égaux au multiplicande qu'il y a d'unités dans le multiplicateur.

Soit à multiplier 564 par 3. On écrirait, les uns
sous les autres, comme ci-contre, 3 nombres égaux à
564. En les additionnant, on trouverait 1 692, qui est
le produit cherché.

$$\begin{array}{r} 564 \\ 564 \\ 564 \\ \hline 1692 \end{array}$$

On n'opère *jamais* ainsi : ce serait trop long.

Exercices. — 1. Additionnez : 108 658, 74 958.

2. Additionnez : 280 585, 108 375 et 210 775.

3. Retranchez : 77 975 de 120 704.

4. Retranchez : 60 433 de 91 030, 53 574 de 76 550.

5. On achète, pour Louis, un pantalon de 12^f et une
veste de 19. Combien dépense-t-on ?

6. Une fontaine a donné jeudi 1 321^l d'eau, vendredi

1 738¹, samedi 1 157¹. Combien de litres en tout?

7. Les jours ont 24ʰ. Louis reste 9ʰ couché. Pendant combien d'heures est-il levé?

---

103. — Ce qu'il faut savoir pour bien multiplier.

Pour *bien multiplier*, il faut savoir *par cœur* tous les *résultats* qu'on obtient en multipliant un nombre d'*un seul chiffre* par un nombre d'*un seul chiffre*.

Ces *résultats* sont contenus dans la **table de multiplication**.

Exercices.— 1. Additionnez 748, 463, 212 et 481.

2. Additionnez : 28, 314, 4 315 et 63.

3. Additionnez : 28, 72, 479 et 5 033.

4. Retranchez : 759 de 6 035.

5. Retranchez : 88 795 de 624 486 ; 93 721 de 94 616.

—6. Il y avait, dans des rochers, 23 vipères et 39 couleuvres. En tout, combien de serpents?

7. Un vigneron possédait 723ᵃ de vigne. La maladie en a détruit 279ᵃ. Combien lui en reste-t-il?

---

104. — La table de multiplication.

1 fois 1 fait 1	1 fois 4 fait 4	1 fois 7 fait 7
1 fois 2 — 2	1 fois 5 — 5	1 fois 8 — 8
1 fois 3 — 3	1 fois 6 — 6	1 fois 9 — 9

En multipliant un nombre par 1, on retrouve ce nombre.

Exercices. — 1. Multipliez : 9 par 1 ; 7 par 1.

2. Additionnez : 1 284, 1 172 et 878.

3. Additionnez : 3 895 295, 8 050 316.

4. Retranchez : 2 538 de 29 224 ; 196 de 3 025.

5. Retranchez : 1 156 de 1 545 ; 944 de 1 085.

6. Une jarre vide pèse 5ᴷᵍ. Combien pèse-t-elle quand elle contient 8ᴷᵍ d'huile?

7. Une pièce d'étoffe avait 45ᵐ de long. On en a vendu 37ᵐ. Quelle est la longueur du coupon restant?

105. — La table de multiplication (*suite*).

2 fois 1 font 2	2 fois 4 font 8	2 fois 7 font 14
2 fois 2 — 4	2 fois 5 — 10	2 fois 8 — 16
2 fois 3 — 6	2 fois 6 — 12	2 fois 9 — 18
3 fois 1 font 3	3 fois 4 font 12	3 fois 7 font 21
3 fois 2 — 6	3 fois 5 — 15	3 fois 8 — 24
3 fois 3 — 9	3 fois 6 — 18	3 fois 9 — 27

Exercices. — 1. Multipliez : 4 par 2 ; 9 par 3.

2. Multipliez : 5 par 2 ; 8 par 3.

3. Multipliez : 6 par 2 ; 7 par 3.

4. Deux bonbonnes contiennent chacune 8^l d'acide. Combien en contiennent-elles ensemble ?

5. Chacun de ces 3 ouvrages demande 4^h de travail. Combien faut-il d'heures pour les faire tous les trois ?

6. Deux propriétaires ont chacun 6 maisons. Combien en ont-ils à eux deux ?

7. Combien de bougies pour garnir 3 candélabres à 7 branches ?

---

106. — La table de multiplication (*suite*).

4 fois 1 font 4	4 fois 4 font 16	4 fois 7 font 28
4 fois 2 — 8	4 fois 5 — 20	4 fois 8 — 32
4 fois 3 — 12	4 fois 6 — 24	4 fois 9 — 36
5 fois 1 font 5	5 fois 4 font 20	5 fois 7 font 35
5 fois 2 — 10	5 fois 5 — 25	5 fois 8 — 40
5 fois 3 — 15	5 fois 6 — 30	5 fois 9 — 45

Exercices. — 1. Multipliez : 4 par 5 ; 9 par 5.

2. Multipliez : 5 par 5 ; 8 par 4.

3. Multipliez : 6 par 5 ; 7 par 4.

4. Cette luzerne couvre 4 prés de 3^a chacun. Quelle étendue couvre-t-elle ?

5. Combien pèsent ensemble 5 paquets de 6^{Kg} chacun ?

6. Quatre cordes de 9^m sont nouées bout à bout. Dites la longueur totale.

7. Je veux acheter 5 sacs de graines. Chacun d'eux vaut 8^f. Quelle somme aurai-je à débourser ?

107. — La table de multiplication (*suite*).

6 fois 1 font 6	6 fois 4 font 24	6 fois 7 font 42
6 fois 2 — 12	6 fois 5 — 30	6 fois 8 — 48
6 fois 3 — 18	6 fois 6 — 36	6 fois 9 — 54
7 fois 1 font 7	7 fois 4 font 28	7 fois 7 font 49
7 fois 2 — 14	7 fois 5 — 35	7 fois 8 — 56
7 fois 3 — 21	7 fois 6 — 42	7 fois 9 — 63

Exercices. — 1. Multipliez : 4 par 6 ; 9 par 7.

2. Multipliez : 5 par 6 ; 8 par 7.

3. Multipliez : 6 par 6 ; 7 par 7.

4. Chacun de ces 7 bidons contient 2^l de pétrole. Combien en contiennent-ils tous ensemble?

5. Combien d'heures un ouvrier travaille-t-il en 6 journées de 9^h chacune ?

6. Un tailleur coud des boutons à 7 gilets. Chaque gilet a 5 boutons. Combien ce tailleur coud-il de boutons?

7. On laboure 6 champs de 5^a. Combien d'ares en tout?

---

108. — La table de multiplication (*fin*).

8 fois 1 font 8	8 fois 4 font 32	8 fois 7 font 56
8 fois 2 — 16	8 fois 5 — 40	8 fois 8 — 64
8 fois 3 — 24	8 fois 6 — 48	8 fois 9 — 72
9 fois 1 font 9	9 fois 4 font 36	9 fois 7 font 63
9 fois 2 — 18	9 fois 5 — 45	9 fois 8 — 72
9 fois 3 — 27	9 fois 6 — 54	9 fois 9 — 81

Exercices. — 1. Multipliez : 4 par 8 ; 9 par 9.

2. Multipliez : 5 par 8 ; 8 par 9.

3. Multipliez : 6 par 8 ; 7 par 9.

4. Il faut 5^{kg} de foin pour faire 1 botte. Combien en faut-il pour faire 8 bottes?

5. Il faut 6^m de lustrine pour doubler 1 paire de rideaux. Combien faut-il de mètres pour en doubler 9 paires?

6. A 2^f pièce, que coûtent 8 plumeaux?

7. Une cuisinière achète 3^l de lait par jour. Combien de litres en 9 jours ?

---

109. — Du zéro dans la multiplication.

Plusieurs fois *zéro* font *zéro*.

5 fois 0 font 0.

Il est absurde de demander combien font 0 fois un nombre.

Si on le demandait, il faudrait répondre que zéro fois un nombre font *zéro*.

0 fois 4 font 0.

> **Exercices.—1.** Multipliez : 2 par 8 ; 5 par 2 ; 8 par 5.
> **2.** Multipliez : 3 par 3 ; 6 par 6 ; 9 par 9.
> **3.** Il faut 7^h pour lire chacune de ces histoires. Il y en a 8. Combien faut-il pour les lire toutes ?
> **4.** Chacune de ces 4 poules a 6 poussins. Combien en ont-elles toutes les quatre ensemble ?
> **5.** Additionnez : 7, 97, 1 085 et 55 140.
> **6.** Retranchez : 60 169 de 64 467.
> **7.** Un tonneau, d'une capacité de 231^l, contient déjà 142^l de vin. Combien faut-il y verser encore de litres pour achever de le remplir ?

---

110. — Disposition des nombres pour la multiplication.

Pour multiplier un nombre par un autre, on écrit le multiplicateur *sous* le multiplicande.

Au-dessous de ces 2 nombres, on tire une *barre*.

C'est sous cette *barre* qu'on écrit le *détail* du calcul.

Soit à multiplier 341 par 2. On dispose ces deux nombres comme on le voit ci-contre :

$$\begin{array}{r} 341 \\ 2 \\ \hline \end{array}$$

> **Exercices. — 1.** Disposez pour la multiplication : 312 × 27 ; 428 × 39 ; 6 819 × 543.
> **2.** Additionnez : 1 378, 940, 942 et 1 125.
> **3.** Retranchez : 973 840 de 1 191 718.
> **4.** Des hangars sont au nombre de 4. Chacun d'eux couvre 7^a. Quelle étendue couvrent-ils ensemble ?

5. Combien 9 paires de gants font-elles de gants ?

6. Quelle longueur occupent 5 rails de 4ᵐ placés bout à bout ?

7. Trois pains de sucre pèsent 8ᵏᵍ chacun. Quel est le poids des 3 pains ensemble ?

111. — Cas où le multiplicateur n'a qu'un chiffre.

Le multiplicateur étant placé sous le multiplicande, *on multiplie par le chiffre unique du multiplicateur,* en commençant par la droite, *tous les chiffres du multiplicande.*

Soit à multiplier 341 par 2. On dit : 2 fois 1.... 2 : on écrit 2. Puis 2 fois 4.... 8 : on écrit 8. Puis 2 fois 3.... 6 : on écrit 6. Le produit cherché est 682.

$$\begin{array}{r} 341 \\ 2 \\ \hline 682 \end{array}$$

Exercices. — **1.** Multipliez : 22 301 par 3.

2. Multipliez : 101 111 par 7 ; 11 010 par 5.

3. Multipliez : 42 324 par 2 ; 111 001 par 0.

4. Multipliez : 10 111 par 6 ; 22 112 par 4 ; 1 101 par 8.

5. Trois pièces de toile en contiennent chacune 32ᵐ. Combien en contiennent-elles ensemble ?

6. Que contiennent ensemble 6 fûts de 111ˡ ?

7. Un champ étant partagé entre 4 personnes, chacune reçoit 12ᵃ. Calculez l'étendue totale de ce champ.

112. — Des retenues dans la multiplication.

Si, en multipliant un chiffre du multiplicande, on trouve un produit *supérieur* à 9, on écrit, non pas ce produit lui-même, mais seulement le *chiffre* de ses *unités.*

On **retient** les *dizaines* pour les ajouter au *produit suivant.*

Soit à multiplier 247 par 3. On dit : 3 fois 7.... 21 : on écrit 1 et on retient 2. Puis, 3 fois 4.... 12 ; 12 et 2 qu'on a retenus.... 14 : on écrit 4 et on retient 1. Enfin, 3 fois 2.... 6 : 6 et 1 qu'on a retenu.... 7 : on écrit 7. Le produit cherché est 741.

$$\begin{array}{r} 247 \\ 3 \\ \hline 741 \end{array}$$

Exercices. — 1. Multipliez : 37 par 5 ; 46 par 3.

2. Multipliez : 157 149 par 9 ; 73 535 par 7.

3. Multipliez : 88 319 par 4 ; 126 613 par 2.

4. Multipliez : 61 569 par 8 ; 507 128 par 6.

5. Des sacs pèsent chacun 132^{Kg}. Quel est le poids total de 8 d'entre eux ?

6. Que reste-t-il à celui qui ayant 100^f en perd 32 ?

7. C'est aujourd'hui le 13 septembre. Dans 12 jours ce sera le combien ?

---

113. — Cas où le multiplicateur a plusieurs chiffres.

Quand le multiplicateur a plusieurs chiffres, *on multiplie le multiplicande successivement par tous les chiffres du multiplicateur.*

On place les *produits partiels* ainsi obtenus les uns *sous* les autres, en commençant à écrire chacun d'eux *sous le chiffre correspondant* du multiplicateur.

On tire ensuite une *barre* et l'on ajoute tous ces *produits partiels.*

Soit à multiplier 3467 par 285. On dispose ces deux nombres comme on le voit ci-contre. Multipliant 3467 par 5, on trouve 17 335, qu'on commence à écrire sous le 5 du multiplicateur. Multipliant 3467 par 8, on trouve 27 736, qu'on commence à écrire sous le 8. Multipliant par 2, on trouve 6934, qu'on commence à écrire sous le 2. On tire une barre; on additionne; on trouve 988 095 : c'est le produit cherché.

$$\begin{array}{r} 3467 \\ 285 \\ \hline 17335 \\ 27736 \\ 6934 \\ \hline 988095 \end{array}$$

Exercices. — 1. Multipliez : 116 par 31; 112 par 74.

2. Multipliez : 43 562 par 2391; 17 955 par 1151.

3. Multipliez : 19 904 par 1295; 29 271 par 3372.

4. Multipliez : 23 276 par 3145; 60 389 par 2495.

5. Il y avait à une revue, 15 escadrons de 97 hommes chacun. Dites le nombre total des cavaliers ?

6. Combien y a-t-il d'œufs dans 18 douzaines d'œufs?

7. Ces 346 tonneaux contiennent chacun 228^l de vin. Combien en contiennent-ils tous ensemble ?

114. — Des zéros intermédiaires du multiplicateur.

Quand le multiplicateur a des *zéros intermédiaires,* on ne *s'en occupe pas;* mais on a grand soin de *placer,* comme on l'a dit, les *produits partiels.*

Soit à multiplier 2387 par 504. On multiplie 2387 par 4, en commençant à écrire le produit 9548 *sous* le 4 du multiplicateur. On multiplie ensuite par 5, en commençant à écrire le produit 11935 *sous* le 5. Enfin on additionne, et l'on trouve 1203048.

```
   2387
    504
  ─────
   9548
  11935
  ─────
1203048
```

Exercices. — 1. Multipliez : 81385 par 703.

2. Multipliez : 128583 par 3208 ; 194541 par 4005.

3. Il y a 24ʰ dans un jour. Combien y a-t-il d'heures dans 206 jours ?

4. Une ville a fait poser 308 réverbères qui coûtent chacun 87ᶠ. Combien a-t-elle dépensé ?

5. Additionnez : 4, 77, 944 et 49421.

6. Additionnez : 64467, 169 et 52643.

7. Retranchez : 6056 de 16965.

115. — Facteurs finissant par des zéros.

Quand des facteurs *finissent* par des *zéros,* on multiplie d'abord *sans s'occuper* de ces *zéros.*

Ensuite, on écrit, à la *droite* du produit obtenu, autant de *zéros* qu'il y en a à la fin de *tous les facteurs.*

Soit à multiplier 247000 par 3400. On multiplie d'abord 247 par 34 : le produit est 8398. On écrit ensuite 5 zéros à la droite de ce nombre. Le résultat final est 839800000.

```
  247000
    3400
  ──────
     988
     741
  ──────
839800000
```

Exercices. — 1. Multipliez : 70 par 1910.

2. Multipliez : 1540 par 800.

3. Multipliez : 12600 par 7.

4. Multipliez 1250 par 110.

5. Multipliez : 53000 par 4380; 500600 par 700.

6. Vingt réservoirs contiennent chacun 250 000[1] d'eau. Combien en contiennent-ils ensemble?

7. Quel est le nombre des fantassins d'une armée dont l'infanterie se compose de 120 régiments de 3 000 hommes chacun ?

---

116. — Multiplication par 10, 100, 1 000, ...

Pour multiplier un nombre par 10, on écrit *un zéro* à la *droite* de ce nombre.

Soit à multiplier 349 par 10. On écrit un 0 à la droite de 349 : on trouve 3 490.

Pour multiplier un nombre par 100, on écrit *deux zéros* à la *droite* de ce nombre.

Soit à multiplier 237 par 100. On écrit deux 0 à la droite de 237 : on trouve 23 700.

Pour multiplier un nombre par 1 000, on écrit trois 0 à sa *droite;* pour le multiplier par 10 000, on en écrit quatre ; et ainsi de suite.

Exercices. — 1. Multipliez 985 par 10.

2. Multipliez : 798 par 100; 4 307 par 100 000.

—3. Combien pèsent ensemble 100 tonneaux de goudron, du poids de 238^{Kg} chacun?

4. Un charretier a parcouru 1000 fois un chemin de 5782^{m}. Combien a-t-il parcouru de mètres?

5. Additionnez : 1 226, 1 254 et 1 257.

—6. Quelle est la charge d'un mulet qui porte deux sacs pesant l'un 96^{Kg} et l'autre 123 ?

7. Une machine à coudre se vend 235^{f} au comptant et 260^{f} à crédit. Que gagne-t-on à la payer comptant?

---

117. — De l'ordre des facteurs.

Le *produit* de deux facteurs ne *change pas* quand on *change l'ordre* de ces facteurs.

En multipliant 5 par 3, on obtient le même produit 15 qu'en multipliant 3 par 5.

Dans la multiplication de deux nombres, on peut prendre celui qu'on veut pour *multiplicateur*.

Exercices. — 1. Multipliez 184 par 93326.

2. Multipliez : 79 par 1864 ; 135 par 1182.

3. Un ouvrier imprimeur gagne 9^f par jour. Combien gagne-t-il en 26 jours ?

4. Un bassin reçoit 35^l d'eau par heure. Combien recevra-t-il de litres en 10^h ?

5. Additionnez : 3013, 2142, 1975 et 1631.

6. Retranchez : 717 de 8761.

7. Un homme a vécu 87 ans. Il est né en 1792. En quelle année est-il mort ?

118. — Preuve de la multiplication.

Pour faire la *preuve de la multiplication,* on recommence cette opération en changeant l'*ordre* des facteurs : on doit retrouver le *même produit.*

Supposons qu'on ait multiplié 3967 par 628. Pour faire la preuve, on multiplie 628 par 3967 : on doit retrouver le même produit.

Exercices. — 1. Multipliez 355573 par 431589, et faites la preuve de cette multiplication.

2. Multipliez : 102039 par 67947 ; 62347 par 58546.

3. Multipliez : 66222 par 63728 ; 71200 par 72026.

4. Le jour a 24^h. Combien y a-t-il d'heures dans une année de 365 jours ?

5. Additionnez : 43, 109, 340500 et 377663.

6. Retranchez : 6886 de 504303.

7. Un réservoir contenait 34896^l d'eau. Il n'en reste plus que 17427^l. Combien en a-t-on tiré ?

CHAPITRE V

LA DIVISION

—

119. — Définition de la division.

Diviser un nombre par un autre, c'est chercher *combien* le premier de ces nombres *contient* de fois le second.

Diviser 37 par 8, c'est chercher *combien* 37 *contient* de fois 8.

Exercices. — 1. Multipliez : 75 307 par 1697.

2. En sortant, j'avais 59ᶠ dans ma bourse. En rentrant je n'ai que 37ᶠ. Combien ai-je dépensé?

3. Combien faut-il de vitres pour garnir 32 fenêtres ayant chacune 24 carreaux?

4. Retranchez : 218 041 de 478 423.

5. Sur un domaine, 158ᵃ donnent du froment, 219ᵃ du seigle, 337ᵃ de la luzerne. Quelle est l'étendue totale?

6. Un nègre était né en 1746. Il est mort en 1823. Combien d'années a-t-il vécu?

7. Combien de kilogrammes pèsent ensemble 12 ancres, du poids de 237ᴷᵍ chacune?

———

120. — Signe, nombres donnés, résultat.

Le *signe de la division* est : qui s'énonce **divisé par.**

43 : 9 s'énonce 43 *divisé par* 9, et indique qu'il faut *diviser* 43 par 9.

Le nombre qu'on divise est le **dividende;** celui par lequel on divise est le **diviseur.**

Dans la division de 43 par 9, le nombre 43 est le *dividende ;* le nombre 9 est le *diviseur.*

Le *résultat de la division* se nomme **quotient.**

Exercices. — 1. Comment s'énonce 138 : 54?

2. Que signifie 430 : 29?

3. Dans 561 : 38, quel est le *dividende ?* le *diviseur ?*

4. Additionnez : 1307, 1312, 1910.

5. Retranchez : 4122 de 110732 ; 197940 de 238037.

6. Multipliez : 48515 par 100 ; 38413 par 23804.

7. Multipliez : 1917 par 2197 ; 1660 par 1465.

---

121. — Problème se résolvant par la division.

« Ces chaises coûtent 4 francs pièce ; j'ai 21 francs :
» combien puis-je en acheter ? » — Ce *problème* se
résout par la *division*.

Pour le résoudre, il faut chercher combien de fois
4 francs sont contenus dans 21 francs, c'est-à-dire
diviser 21 par 4.

Exercices. — 1. On a 2623^l d'un certain liquide.
Comment trouvera-t-on combien on en peut remplir
de bonbonnes de 17^l?

2. Un colonel a 2254 hommes. Comment trouvera-t-il
combien il en peut former de compagnies de
120 hommes?

3. Un commis gagne 1926^f en un an, c'est-à-dire én
12 mois. Comment trouvera-t-il ce qu'il gagne par
mois?

4. Additionnez : 9113, 13172, 880 et 784.

5. Retranchez : 409475 de 489848.

6. Multipliez : 582 par 547.

7. Multipliez : 19653 par 9183.

---

122. — Procédé naturel pour diviser.

Le procédé le plus *naturel* pour *diviser*, c'est de
retrancher autant de fois que possible le diviseur du
dividende.

Soit à diviser 125 par 37. Retranchant 37 de 125, on
trouve 88. Retranchant 37 de 88, on trouve 51. Retranchant
37 de 51, on trouve 14. On a pu retrancher 3 fois 37. On ne

peut pas le retrancher 4 fois. Donc 125 contient 3 fois 37 ; le quotient cherché est 3.

On n'opère *jamais* ainsi : ce serait trop long.

Exercices. — **1.** Additionnez : 8, 203, 1393.

2. Retranchez : 216 226 de 306 094.

3. Multipliez : 203 par 87 ; 187 par 75.

4. Multipliez : 16 088 par 8795.

5. On a 3 grands fûts : un de 538^l, un de 650^l, un de 729^l. Combien tous ensemble peuvent-ils contenir ?

6. Un navire portait 5 000 sacs de café. On en a déchargé 3 857 sacs. Combien en reste-t-il à bord ?

7. A Paris, un fiacre coûte 2^f l'heure. Un étranger a gardé son fiacre 7^h. Que doit-il au cocher ?

123. — Le reste de la division.

Lorsque, du dividende, on a retranché le diviseur autant de fois que possible, il *reste* d'ordinaire un *certain nombre*.

Ce *nombre* est le **reste de la division.**

Lorsque de 125 on a retranché 3 fois 37, il reste encore 14. Ce nombre 14 est le *reste de la division*.

Le *reste* est toujours *moindre* que le *diviseur*.

Exercices. — **1.** Additionnez : 115 131 et 60 194.

2. Retranchez : 59 956 de 80 713.

3. Multipliez : 83 297 par 4 968.

4. Multipliez : 189 075 par 16 389.

5. Dites la population d'un département dont les trois arrondissements ont : 83 436^{hab}, 77 477^{hab}, 83 882^{hab} ?

6. Mon voisin possède 3 420^a de terrain. Je n'en possède que 1699. Combien en a-t-il de plus que moi ?

7. Chacun de ces tonneaux pleins pèse 247^{Kg}. Quelle est la charge d'un wagon qui porte 13 de ces tonneaux ?

124. — Ce qu'il faut savoir pour bien diviser.

Pour *bien diviser*, il faut savoir trouver le quotient,

toutes les fois que le diviseur *n'a qu'un chiffre* et que le dividende ne contient pas 10 *fois le diviseur.*

Alors le quotient *n'a qu'un chiffre.*

On le trouve à l'aide de la *table de multiplication.*

Soit à diviser 36 par 8. On sait que 4 fois 8 font 32, et que 5 fois 8 font 40. Donc 36 contient 4 fois 8 ; mais ne le contient pas 5 fois : le quotient est 4.

Il n'y a pas de table de division.

Exercices. — 1. Trouvez le quotient de 22 divisé par 5.

2. Trouvez le quotient : de 6 par 1 ; de 71 par 9.

3. Un ouvrier gagne 12^f dans l'espace de 4 jours. Combien gagne-t-il par jour ?

4. Il y a, dans un vase, 37^l de lait. Combien, avec ce lait, puis-je remplir de vases de 5^l ?

—5. Quelle est la charge d'une poutre qui supporte deux poids, l'un de 348^{Kg}, l'autre de 799 ?

6. Une prairie avait 4 625^a. L'eau en a emporté 1736^a. Qu'en reste-t-il ?

—7. Combien faut-il d'argent à un patron pour payer 317 ouvriers qui ont gagné 58^f chacun ?

---

125. — Disposition des nombres pour la division.

On écrit le diviseur à la *droite* du dividende.

On tire, entre ces nombres, une *barre* de haut en bas ; et, sous le diviseur, une *barre* de gauche à droite.

C'est sous cette dernière qu'on écrit le *quotient.*

Soit à diviser 428 par 53. On dispose ces deux nombres comme on le voit ci contre :

$$428 \mid 53$$

Exercices. — 1. Disposez les deux nombres 3625 et 438 pour la division de 3625 par 438.

2. Trouvez le quotient : de 39 par 6 ; de 49 par 8.

3. Trouvez le quotient : de 25 par 7 ; de 35 par 4.

4. Il faut 5^h pour faire un chemin. Dans 16^h, combien peut-on le faire de fois ?

5. Additionnez : 4, 27, 638, 5 228.

6. Retranchez : 61 064 de 159 920.

7. Multipliez : 67 976 par 32 796.

126. — Reconnaître si le quotient n'a qu'un chiffre.

Dans une division quelconque, pour voir si le quotient *n'a qu'un chiffre*, on écrit *un zéro* à la *droite du diviseur*.

Si le nombre formé *dépasse* le dividende, le quotient *n'a qu'un chiffre;* s'il ne le *dépasse pas*, le quotient a *plus d'un chiffre*.

Soit à diviser 428 par 53. En écrivant un 0 à la droite de 53, on obtient 530, qui dépasse 428 : le quotient *n'a qu'un chiffre*.

Soit à diviser 428 par 35. En écrivant un 0 à la droite de 35, on obtient 350, qui ne dépasse pas 428 : le quotient a *plus d'un chiffre*.

Exercices. — 1. Combien de chiffres au quotient : de 241 par 7; de 278 par 34; de 23 167 par 468; de 24 684 par 2 561 ?

2. Trouvez le quotient : de 31 par 4; de 41 par 5; de 51 par 6; de 61 par 7; de 71 par 8?

3. Six petites caisses de pruneaux en contiennent ensemble 30^{Kg}. Combien chacune en contient-elle?

4. Additionnez : 58 285, 6926 et 45 060.

5. Retranchez : 235 357 de 321 756.

6. Multipliez : 1132 par 1160; 1880 par 2 350.

7. Dans un certain collège, on fait 428 classes de 2^h par an. Combien d'heures passe-t-on en classe ?

127. — Cas où le quotient n'a qu'un chiffre.

Le diviseur étant placé comme on l'a dit, *on sépare* sur la gauche du dividende *autant de chiffres qu'il en faut pour contenir le premier chiffre du diviseur au moins une fois, mais pas plus de neuf.*

On divise cette partie séparée par le premier chiffre du diviseur : on obtient ainsi un *certain chiffre*.

On multiplie le diviseur par ce chiffre et on retranche le produit obtenu du dividende.

Le *chiffre* trouvé est le *quotient* cherché; le *résultat* de la soustraction est le *reste* de la division.

Soit à diviser 2599 par 728. Je sépare 25 sur la gauche du dividende. Divisant 25 par 7, je trouve le chiffre 3. Je multiplie 728 par 3, et je retranche le produit obtenu 2184 du dividende. Le chiffre 3 est le *quotient* cherché ; le résultat 415 de la soustraction est le *reste* de la division.

$$\begin{array}{r|l} 2599 & 728 \\ 2184 & \overline{} \\ \hline 415 & 3 \end{array}$$

Exercices. — 1. Divisez : 958 par 315.

2. Divisez : 2211 par 428 ; 2145 par 509.

3. Divisez : 3726 par 621 ; 1033 par 513.

4. Divisez : 58080 par 7260 ; 29213 par 4029.

5. Un marchand fait des paniers de 21 pêches. Il a 129 pêches. Combien pourra-t-il faire de paniers ?

6. On avait 3824 tonneaux de vin. On en vend 1839. Combien en reste-t-il ?

7. Une locomotive fait 57823^m à l'heure. Combien de mètres parcourra-t-elle en 23^h ?

---

128. — Quand la soustraction est impossible.

La règle précédente suppose que la soustraction soit *possible*, c'est-à-dire que le produit du diviseur par le chiffre trouvé ne dépasse pas le dividende.

Si la soustraction est *impossible*, c'est que le chiffre trouvé est *trop fort*.

On *diminue* ce chiffre, d'une *unité* à chaque fois, jusqu'à ce que la soustraction *puisse* s'effectuer.

Soit à diviser 811 par 235. On sépare 8 qu'on divise par 2 : on trouve le chiffre 4. On multiplie le diviseur 235 par 4 ; le produit 940 surpasse le dividende 811 : donc 4 est trop fort. On le remplace par 3. Le produit de 235 par 3 est 705 ; il ne dépasse pas 811. On retranche 705 de 811 ; on trouve 106. Le *quotient* de la division est 3 ; le *reste* est 106.

$$\begin{array}{r|l} 811 & 235 \\ 705 & \overline{} \\ \hline 106 & 3 \end{array}$$

Exercices. — 1. Divisez 1034 par 146.

2. Divisez : 2960 par 478 ; 4500 par 581.

3. Divisez : 4901 par 699 ; 43444 par 5920.

4. Divisez : 3000 par 483 ; 2367 par 376.

5. Mes nouvelles fenêtres ont chacune 12 carreaux. Je possède 91 carreaux. Combien puis-je garnir de fenêtres ?

6. On fond ensemble 190ᵏᵍ de cuivre, 8ᵏᵍ d'étain et 2ᵏᵍ de zinc. Quel sera le poids de l'alliage formé ?

7. Quelle est l'étendue occupée par 27 champs contigus qui ont chacun 38ᵃ ?

---

129. — Simplification.

D'après la règle, on *multiplie* le diviseur par le chiffre trouvé, et l'on *retranche* le produit du dividende.

On simplifie le calcul en faisant *à la fois* cette *multiplication* et cette *soustraction*.

Soit à diviser 2 599 par 728. En divisant 25 par 7, je trouve 3. Je dis : 3 fois 8.... 24 ; 24 ôtés de 29, il reste 5 et je retiens 2. Puis 3 fois 2.... 6 ; 6 et 2 que j'ai retenus,.... 8 ; 8 ôtés de 9, il reste 1. Enfin 3 fois 7.... 21 ; 21 ôtés de 25, il reste 4. Le quotient est 3 ; le reste est 415.

$$\begin{array}{r|l} 2599 & 728 \\ 415 & \overline{3} \end{array}$$

Exercices. — **1.** Divisez 3 841 par 491.

2. Divisez : 128 par 46 ; 315 par 57.

3. Divisez : 3 624 par 430 ; 7 000 par 713.

4. Divisez : 121 600 par 34 926 ; 356 457 par 36 001.

5. On veut partager 4 825ᶠ entre 531 personnes. Combien donnera-t-on à chacune ?

6. Multipliez 6 069 par 4 708.

7. Un particulier avait 538 bouteilles dans sa cave. On lui en vole 89. Combien lui en reste-t-il ?

---

130. — Divisions à remarquer.

Quand le dividende est *moindre* que le diviseur, le *quotient* est 0, et le *reste* est égal au dividende.

Soit 35 à diviser par 68. Le quotient est 0 ; le reste est 35.

Quand le dividende est *égal* au diviseur, le *quotient* est 1, et le *reste* est 0.

Soit à diviser 43 par 43. Le quotient est 1, et le reste est 0.

Exercices. — **1.** Divisez : 23 par 27 ; 36 par 82.

2. Divisez : 9 par 9 ; 41 par 41 ; 157 par 157.

3. Divisez : 6 873 955 par 6 114 544.

4. Divisez : 18 392 045 par 3 629 407.

5. On distribue 234 prunes à 27 élèves. Combien chacun d'eux en reçoit-il?

6. Pour payer mes impôts, j'ai donné 37^f, puis 46^f, puis 39^f. A combien se montaient-ils?

7. Jean peut écrire 7 pages dans une heure. Combien en peut-il écrire en 53^h?

---

131. — Cas où le quotient a plusieurs chiffres.

Quand le quotient a plusieurs chiffres, *on forme le premier dividende partiel en séparant,* sur la gauche du dividende donné, *juste assez de chiffres pour contenir le diviseur.*

On fait la division de ce premier dividende partiel par le diviseur comme une division isolée : on obtient ainsi le premier chiffre du quotient.

A la droite du reste de cette division, on abaisse le chiffre suivant du dividende donné : on forme ainsi le second dividende partiel.

On divise ce second dividende partiel par le diviseur, ce qui donne le second chiffre du quotient ; et ainsi de suite.

Soit à diviser 38 627 par 49. Le premier dividende partiel est 386. Divisant 386 par 49, je trouve pour quotient 7 et pour reste 43. J'abaisse le chiffre 2 à la droite de 43, et je forme ainsi le second dividende partiel

```
38627 | 49
 432  |------
 407  | 788
  15
```

qui est 432. Divisant 432 par 49, je trouve pour quotient 8 et pour reste 40. J'abaisse 7 à la droite de 40, et je forme ainsi le troisième dividende partiel, qui est 407. Divisant 407 par 49, je trouve pour quotient 8 et pour reste 15. Finalement, le quotient cherché est 788 ; le reste de la division est 15.

Exercices. — 1. Divisez : 8457 par 396.

2. Divisez : 20 734 par 92.

3. Divisez : 158 214 par 74.

4. Divisez : 1 069 458 par 456.

5. Divisez : 1 937 963 par 4603.

6. Divisez : 17 018 649 par 4987.

7. En 1876, les 20 arrondissements de Paris avaient pour populations respectives : 71 898[hab], 77 768[hab], 90 797[hab], 98 293[hab], 104 373[hab], 97 631[hab], 83 672[hab], 83 993[hab], 115 689[hab], 142 964[hab], 182 287[hab], 93 537[hab], 72 203[hab], 75 427[hab], 78 579[hab], 51 299[hab], 116 682[hab], 153 264[hab], 98 367[hab] et 100 083[hab]. Calculez la population de Paris à cette époque.

---

132. — Quand il faut mettre des zéros au quotient.

Quand un dividende partiel est *inférieur* au diviseur, on met un *zéro* au quotient.

Ensuite, à la droite de ce même dividende partiel, on abaisse le chiffre suivant du dividende donné ; et l'on continue la division comme à l'ordinaire.

Soit à diviser 316 639 par 628. Le premier dividende partiel est 3166. En le divisant par 628, on trouve pour quotient 5 et pour reste 26. Le second dividende partiel

$$\begin{array}{r|l} 316639 & 628 \\ 2639 & \overline{504} \\ 127 & \end{array}$$

est 263. Il est inférieur au diviseur. On met 0 au quotient, et l'on abaisse le 9 à la droite de 263. Le troisième dividende partiel est 2 639. Divisé par 628, il donne pour quotient 4, et pour reste 127. Le quotient cherché est 504; le reste de la division est 127.

Exercices. — **1.** Divisez 11 691 par 29.

2. Divisez : 215 457 par 429 ; 9 001 551 par 896.

3. Divisez : 3809 par 54 ; 9 663 334 par 876.

4. Divisez : 10 302 738 par 5074 ; 8 316 605 par 811.

5. Un domaine contient 96 629ᵃ. On le partage entre 13 personnes. Qu'aura chacune d'elles ?

6. Retranchez : 263 552 de 961 538.

7. Un peloton de fil en contient 50ᵐ. Quelle est la longueur du fil contenu dans 27 pelotons ?

133. — Divisions exactes.

Une division est **exacte**, ou se fait *exactement,* lorsque son reste est *nul.*

La division de 42 par 7 se fait *exactement.*

Lorsque la division se fait *exactement,* le dividende est *égal au produit* du diviseur par le quotient.

Exercices. — 1. Divisez : 229 773 par 817.

2. Divisez : 313 721 par 29 601 ; 3 352 641 par 4928.

3. On a, pour nourrir 587 hommes pendant un certain temps, 6 847 963^{Kg} de vivres. Que pourra-t-on donner à chaque homme ?

4. Une autruche, en courant, fait 31 928^m en 3^h. Combien fait-elle en 1^h ?

5. Additionnez : 4, 27, 596, 5 232.

6. Retranchez : 294 054 de 404 609.

7. Multipliez : 269 522 par 6 278.

134. — Nombre divisible par un autre.

Un nombre est **divisible** par un autre, lorsque la *division* du premier par le second se fait *exactement.*

35 est *divisible* par 7.

Un nombre est *divisible* par 2, lorsqu'il est terminé par l'un des chiffres 0, 2, 4, 6, 8.

Un **nombre pair** est un nombre *divisible* par 2.

Un **nombre impair** est un nombre *non divisible* par 2.

Exercices.— 1. Le nombre 287 est-il *divisible* par 13 ?

2. Le nombre 306 est-il *divisible* par 17 ?

3. Parmi les nombres 3, 34, 18, 57, 82, 121, quels sont les *nombres pairs?* Quels sont les *nombres impairs?*

4. Une famille dépense 8 030^f en une année, c'est-à-dire en 365 jours. Combien dépense-t-elle par jour ?

5. Additionnez : 4, 28, 586, 9 147.

6. Un touriste veut arriver au sommet d'une montagne de 1427^m. Il est déjà à 739^m. De combien de *mètres* faut-il qu'il s'élève encore ?

7. Retranchez ; 3929 de 4010.

135. — Preuve de la division.

Pour faire la *preuve de la division*, on *multiplie* le
diviseur par le quotient ; au produit obtenu, on *ajoute*
le reste : on doit *retrouver le dividende.*

Soit la division de 316512 par 628, dont le quotient est 504,
et le reste 127. Pour en faire la preuve, je multiplie 628 par
504 : j'obtiens 316639. J'ajoute à ce produit le reste 127 ; et
je retrouve juste le dividende.

Exercices. — 1. Divisez 3537012 par 849, et faites
la *preuve.*

2. Additionnez 382, 439, 547, et faites la *preuve.*

3. Retranchez 3821715 de 5000001, et faites la
preuve.

4. Multipliez 3426906 par 7689, et faites la *preuve.*

5. La semaine est de 7 jours. Les vacances durent
59 jours. Combien durent-elles de semaines ?

6. Calculez le poids total de 234 pains de 2^{Kg} chacun ?

7. Un domaine a 7581^a. La partie plantée en vignes
est de 392^a. Quelle est l'étendue du reste ?

LIVRE III

LES NOMBRES DÉCIMAUX

CHAPITRE PREMIER

NUMÉRATION DES NOMBRES DÉCIMAUX

136. — Les fractions décimales.

Lorsque l'unité est partagée en *dix* parties égales, chacune de ces parties se nomme un **dixième.**

Lorsque l'unité est partagée en *cent* parties égales, chacune de ces parties se nomme un **centième.**

Lorsque l'unité est partagée en *mille* parties égales, chacune de ces parties se nomme un **millième,** et ainsi de suite.

Les *dixièmes,* les *centièmes,* les *millièmes,* .... se nomment des **fractions décimales.**

Exercices. — **1.** Additionnez : 99, 999 et 9 999.

2. Retranchez 999 999 de 10 000 000.

3. Multipliez 15 047 par 908.

4. Divisez 453 827 par 587.

5. Trois caisses de chocolat en contiennent 27^{Kg}, 38^{Kg}, 42^{Kg}. Combien en contiennent-elles ensemble?

6. Une succession se monte à 239 827^f. On la partage entre 9 héritiers. Qu'aura chacun d'eux?

7. Combien y a-t-il de litres de lait dans 2 boîtes de 13^l chacune?

137. — Les nombres décimaux.

Un nombre qui contient plusieurs *unités exactement* est un **nombre entier.**

25 est un *nombre entier.*

Un nombre qui contient des *fractions décimales* est un *nombre fractionnaire décimal*, ou, plus simplement, **un nombre décimal.**

4 centièmes est un *nombre décimal* inférieur à l'unité.

3 unités 2 dixièmes est un *nombre décimal* supérieur à l'unité.

Exercices. — 1. Ecrivez en toutes lettres : 1 001 001 001.

2. Ecrivez de même 3 002 040 500.

3. Lyon a 342 815 habitants; Marseille 318 868; Bordeaux 215 140. Quelle est en somme la population de ces 3 villes ?

4. Le Gaurisankar a 8 840^m de haut. Le mont Blanc a 4 810^m. Dites la différence de hauteur de ces deux montagnes.

5. Divisez : 128 927 par 439.

6. Le présent livre a 214 paragraphes. Chacun d'eux contient 7 exercices. Combien d'exercices en tout?

7. On doit faire une route de 39 744^m. On la partage en étapes de 1728^m. Combien y aura-t-il d'étapes?

138. — Chiffre placé à la droite d'un autre.

Tout chiffre placé à la *droite* d'un autre représente des unités 10 fois *plus petites.*

Dans le nombre 37, le 3 représente des *dizaines*; le 7 qui est à sa *droite* représente des *unités simples,* c'est-à-dire des unités 10 fois *plus petites.*

Dans le nombre 654, le 6 représente des *centaines*; le 5 qui est à sa *droite* représente des *dizaines,* c'est-à-dire des unités 10 fois *plus petites.*

Exercices. — 1. Dans 39, que représente le chiffre 9 placé à la droite du 3 ?

2. Dans 456, que représente le 5 placé à la droite du 4 ?

3. Dans 102, que représente le 0 placé à la droite du 1?

4. Dans 28, que représente le 8 placé à la droite du 2?

5. Dans 314, que représente le 1 placé à la droite du 3?

6. Ces 32 boîtes de thé noir valent chacune 13ᶠ. Combien valent-elles toutes ensemble?

7. Un coffretier fabrique 2534 malles en un an, c'est-à-dire en 12 mois. Combien en fabrique-t-il par mois?

139.—Les chiffres placés à la droite des unités simples.

Un chiffre placé à la *droite* du chiffre des *unités simples* exprime des unités 10 fois *plus petites*, c'est-à-dire des *dixièmes*.

Un chiffre placé à la *droite* du chiffre des *dixièmes* exprime des unités 10 fois *plus petites*, c'est-à-dire des *centièmes*.

Un chiffre placé à la *droite* du chiffre des *centièmes* exprime des unités 10 fois *plus petites*, c'est-à-dire des *millièmes*; et ainsi de suite.

Dans le nombre décimal 6,5347, où le chiffre 6 représente des *unités simples*, les autres chiffres représentent les unités marquées ci-contre :

6, 5 3 4 7
unités — dixièmes — centièmes — millièmes — dix-millièmes

Exercices. — 1. Dans les nombres : 7,3 ; 7,29 ; 7,428 ; 7,9643 ; le 7 exprime des unités simples. Qu'expriment les autres chiffres?

2. Rome a été fondée 753 avant Jésus-Christ. En 1880, quel était l'âge de cette ville?

3. Un meunier doit moudre 17825 sacs de blé. Il en a moulu 12177. Combien lui en reste-t-il à moudre?

4. Multipliez : 397000 par 9600.

5. Divisez : 138429702 par 427.

6. Combien de lignes dans 236 pages de 36 lignes?

7. Combien faut-il mettre bout à bout de rails de 4ᵐ pour arriver à une longueur de 7836ᵐ?

140. — De la virgule.

Dans tout *nombre décimal,* on met une **virgule** à la *droite* du chiffre des *unités simples.*

Le nombre 3 unités 5 dixièmes s'écrit 3,5.

Cette *virgule* est *indispensable.*

Exercices. — 1. Ecrivez : 5 unités 7 dixièmes.

2. Ecrivez : 23 unités 3 dixièmes 6 centièmes.

3. On extrait d'une mine 7 826^l de minerai par jour. Combien en extrait-on en un mois de 31 jours ?

4. Ces 34^m de velours ont ensemble coûté 544^f. A combien revient le mètre de cette étoffe ?

5. Retranchez : 678 901 de 700 000.

6. Multipliez : 399 999 par 73 218.

7. Divisez : 428 947 par 6 532.

141. — Partie entière, partie décimale.

La *virgule* partage le nombre décimal en deux *parties :* la **partie entière**, la **partie décimale.**

La partie placée à la *gauche* de la virgule est la *partie entière.*

La partie placée à la *droite* de la virgule est la *partie décimale.*

Dans le nombre 13,72, la *partie entière* est 13 unités ; la *partie décimale* est 72 centièmes.

Les *chiffres* de la *partie décimale* se nomment des *chiffres décimaux,* ou, plus simplement, des **décimales.**

Un *nombre décimal* est *moindre* que l'*unité* lorsque sa *partie entière* est 0.

Exercices. — 1. Dites la *partie entière* de 0,2 ; de 7,39 ; de 12,547 ?

2. Dites la *partie décimale* de 3,1 ; de 9,43 ; de 36,504 ?

3. Parmi les nombres 0,32 ; 7,48 ; 9,631, quels sont ceux qui sont *plus grands* que l'*unité* ?

4. Parmi les nombres 0,18 ; 6,91 ; 0,78, quels sont ceux qui sont *plus petits* que l'*unité* ?

5. Additionnez : 8840, 4638, 1886.

6. Chacun de ces 17 mulets porte 226^{Kg}. Combien portent-ils tous ensemble ?

7. Quelle est l'étendue de la *neuvième* partie d'un terrain de 675^a ?

---

142. — Lire un nombre décimal.

Pour *lire* un *nombre décimal*, on énonce d'abord la *partie entière*, en la faisant suivre du mot *unité*.

On énonce ensuite la *partie décimale*, comme si c'était un nombre entier, en la faisant suivre du nom de ses *plus petites parties*.

Soit à lire le nombre 325,6478, dont les *plus petites parties* sont des *dix-millièmes*. On dira 325 unités 6 478 dix-millièmes.

Exercices. — **1.** Lisez : 3,7 ; 15,8 ; 0,3.

2. Lisez : 14,75 ; 8,13 ; 0,57 ; 4,05.

3. Lisez : 1,328 ; 12,407 ; 16,850 ; 0,003.

4. Lisez : 3,5 426 ; 0,5007 ; 328,0067.

5. Lisez : 32,56712 ; 0,48005 ; 2,00627.

6. Lisez : 4,562345 ; 7,570889 ; 0,428001.

7. Un employé gagne 3627^f par année. Il en met 829 de côté. A quelle somme s'élève sa dépense ?

---

143. — Écrire un nombre décimal.

Pour *écrire* un *nombre décimal* énoncé, on écrit la *partie entière*, puis la *partie décimale*, en les séparant par une *virgule*.

Soit à écrire 29 unités 32 centièmes. On écrit 29,32.

Il faut que la *dernière décimale* occupe toujours, à la droite de la virgule, le *rang* qui lui convient.

Soit à écrire 7 unités 28 millièmes. Il faut que le 8 soit au *rang* des millièmes, c'est-à-dire au *troisième* rang après la virgule. On écrira donc 7,028.

Si l'on *oubliait* d'écrire le 0 du nombre 7,028, on écrirait le nombre 7,28, dont la *partie décimale* serait 28 *centièmes*, et non pas 28 *millièmes*.

Exercices. — **1.** Ecrivez : 9 unités 3 dixièmes.

2. Ecrivez : 13 unités 27 centièmes ; 2 unités 3 centièmes.

3. Ecrivez : 1 unité 324 millièmes ; 0 unité 7 millièmes.

4. Ecrivez : 39 unités 627 dix-millièmes.

5. Ecrivez : 57 unités 34 561 cent millièmes.

6. Ecrivez : 15 unités 6 836 millionièmes.

7. Le département des Deux-Sèvres comprend 4 arrondissements dont les nombres de communes sont 93, 92, 92, et 79. Combien y a-t-il de communes dans ce département tout entier ?

---

144. — Des zéros placés à droite ou à gauche.

On peut écrire autant de *zéros* que l'on veut à la *gauche* d'un *nombre décimal* : ce nombre ne *change pas.*

Ainsi 003,25 est égal à 3,25.

On peut écrire autant de *zéros* que l'on veut à la *droite* d'un *nombre décimal* : ce nombre *ne change pas.*

Ainsi 4,7800 est égal à 4,78.

On peut, sans *changer* un nombre, lui donner autant de *décimales* que l'on veut.

Exercices. — **1.** Lisez : 0,37 ; 0,005 ; 0,00007.

2. Ecrivez : 3 unités 2 centièmes ; 0 unités 4 millionièmes.

3. Avril a 30 jours, mai 31 et juin 30. Combien de jours, en tout, dans ces trois mois ?

4. En 1861, Paris avait 1 667 841 habitants ; en 1876, il en avait 1 988 806. Calculez l'augmentation.

5. Un robinet verse 36^l d'eau par heure. Combien en verse-t-il en 24^h ?

6. En partageant des fruits entre 23 élèves, on a trouvé que chacun en avait 7. Quel était le nombre de ces fruits ?

7. On appelle *grosse* la réunion de *douze douzaines.* Une boîte renferme 1 *grosse* de plumes. Combien en contient-elle ?

CHAPITRE II

ADDITION DES NOMBRES DÉCIMAUX

145. — Définition.

Additionner plusieurs nombres décimaux, c'est trouver un nouveau nombre contenant *à lui seul* autant d'unités et parties d'unités qu'il y en a dans tous les nombres donnés *ensemble*.

Additionner 2,4 et 23,75, c'est trouver un nombre contenant *à lui seul* autant d'unités, dixièmes et centièmes que 2,4 et 23,75 en contiennent *ensemble*.

> **Exercices. — 1.** Lisez : 3,80405 ; 4,005.
> **2.** Lisez : 0,0001001 ; 0,002020.
> **3.** Ecrivez : 3 unités 45 centièmes; 2 unités 8 millièmes.
> **4.** Ecrivez : 0 unité 4 dix-millièmes ; 0 unité 6 millionièmes.
> **5.** Qu'exprime chaque décimale de 3,14159265536?
> **6.** Qu'exprime chaque décimale de 0,43429448419?
> **7.** Une corde a 238ᵐ. On la partage en 14 brins égaux. Dites la longueur de chacun de ces brins.

146. — Règle pratique.

Pour *additionner* plusieurs *nombres décimaux*, on les place les uns sous les autres, de façon que les *virgules se correspondent*.

On additionne ensuite, sans *s'occuper des virgules*, comme s'il ne s'agissait que de nombres entiers.

Enfin, on place *une virgule* au total, juste au-dessous des *virgules* des nombres donnés.

Soient à additionner les nombres ci-contre. Après les avoir bien disposés, on les additionne sans s'occuper des virgules; mais au total on met une virgule sous la colonne des virgules.

$$\begin{array}{r} 4,628 \\ 9,324 \\ 0,507 \\ \hline 14,459 \end{array}$$

Exercices. — 1. Additionnez : 14,2 ; 15,7 ; 54,6.

2. Additionnez : 8,13 ; 7,91 ; 7,42.

3. Additionnez : 0,315 ; 2,428 ; 5,607.

4. Additionnez : 7,4236 ; 1,5079.

5. Que contiennent ensemble trois bouteilles dont les capacités sont $1^l,5$; $0^l,9$; $0^l,8$?

6. Trois champs ont pour superficies respectives $23^a,57$; $19^a,41$; $16^a,33$. Quelle est la superficie totale ?

7. La cuisinière a acheté pour $3^f,25$ de viande ; pour $0^f,45$ de légumes, et pour $1^f,80$ de beurre. Combien a-t-elle dépensé ?

---

147. — Des vides dans les colonnes.

Si, dans une colonne, il y a des *vides*, on opère comme si ces vides étaient *remplis* par des *zéros*.

Soient à additionner les nombres ci-contre. La colonne des millièmes et celle des centièmes présentent des *vides*. On opère comme si ces vides étaient *remplis* par des *zéros*.

$$\begin{array}{r} 2,71 \\ 8,2 \\ 4,956 \\ \hline 15,866 \end{array}$$

Exercices. — 1. Additionnez : 2,71 ; 4 ; 0,8.

2. Additionnez : 0,00999 ; 14,72 ; 38,0976.

3. Additionnez : 0,4 ; 0,36 ; 0,427.

4. Additionnez : 33 ; 56 ; 0,08.

5. Additionnez : 0,1 ; 0,9999 ; 8.

6. On tire d'un tonneau de vinaigre : d'abord $4^l,7$; ensuite 13^l ; enfin $0^l,256$. Combien en a-t-on tiré ?

7. Ce pain pèse $1^{Kg},256$, et cet autre $2^{Kg},35$. Combien ces deux pains pèsent-ils ensemble ?

---

148. — Preuve.

La *preuve de l'addition* se fait pour les *nombres décimaux* comme pour les *nombres entiers :* on recommence dans un autre ordre.

Exercices. — 1. Additionnez : 1942 ; 12,82 ; 85,3.

2. Additionnez : 295,4 ; 5,8736 ; 11.

3. Deux étangs couvrent l'un 326ª,56 ; l'autre 180ª,8. Quelle étendue couvrent-ils ensemble ?

4. Pour faire un vêtement, on avait 2^m,75 d'étoffe. Il a fallu en ajouter 1^m,3. Combien en a-t-on employé ?

5. Retranchez : 6128 de 11300.

6. Multipliez : 432824 par 7654.

7. Divisez : 38627432 par 19.

CHAPITRE III

SOUSTRACTION DES NOMBRES DÉCIMAUX

149. — Définition.

Soustraire un nombre décimal d'un autre, c'est chercher ce qu'il reste quand on *ôte* du second toutes les *unités* et *parties d'unités* qui composent le premier.

Soustraire 3,45 de 42,7, c'est chercher ce qu'il reste, lorsque de 42,7 on *ôte* 3 *unités* et 45 *centièmes*.

Exercices. — 1. Additionnez : 3,13 ; 71,412 ; 0,9.

2. Additionnez : 0,8191 ; 14 ; 5,965432.

3. J'achète un timbre-poste de 0^f,02 ; un de 0^f,05, et un de 0^f,15. Combien ai-je à payer ?

4. Quatre médailles pèsent respectivement 0^{Kg},012 ; 0^{Kg},062 ; 0^{Kg},087 ; 0^{Kg},132. Combien pèsent-elles ensemble ?

5. Retranchez : 33110 de 33200.

6. Multipliez : 25642 par 9007

7. Divisez : 3627 par 3698.

150. — Règle pratique.

Pour faire la *soustraction* de deux *nombres décimaux*, on place le petit sous le grand, de façon que les *virgules se correspondent.*

Ensuite on opère, sans *s'occuper des virgules*, comme si les deux nombres étaient entiers.

Enfin, on place au résultat *une virgule* juste sous les *virgules* des nombres donnés.

C'est ainsi qu'on a fait la soustraction ci-contre.

$$\begin{array}{r} 3,749 \\ 1,258 \\ \hline 2,491 \end{array}$$

Exercices. — 1. Retranchez : 3,2 de 9,1.

2. Retranchez : 3,821 de 4,002 ; 5,664 de 8,031.

3. On avait 38^m,56 de mousseline ; on en cède 29^m,38. Combien en garde-t-on ?

4. Une bouteille pleine d'essence pèse 1^{Kg},429. Le poids de l'essence est de 1^{Kg},038. Quel est celui de la bouteille ?

5. Additionnez : 0,13 ; 4,628 ; 3,1416.

6. Additionnez : 2,1 ; 6,28 ; 9.

7. Additionnez : 3 281 627 et 0,003.

151. — Des vides.

Si, dans la soustraction, une colonne présente des *vides*, on opère comme si ces vides étaient *remplis* par des *zéros*.

Dans la soustraction ci-contre, il y a des *vides* dans la colonne des millièmes et dans celle des centièmes. On opère comme si ces vides étaient *remplis* par des *zéros*.

$$\begin{array}{r} 9,2 \\ 5,478 \\ \hline 3,722 \end{array}$$

1. **Exercices.** — Retranchez : 3,149 de 6,2.

2. Retranchez : 2,007 de 4 ; 0,000001 de 2,9.

3. Dans sa journée, un barbier a gagné 3^f,85. Combien aurait-il dû gagner encore pour arriver à 5^f.

4. Une balustrade aura 13^m,6 de long. On en a achevé 11^m,92. Quelle longueur reste-t-il à faire ?

5. Additionnez : 37 ; 288 ; 0,12.

6. Multipliez : 3 428 645 par 798.

7. Divisez : 11 000 000 par 539.

152. — Preuve.

La *preuve de la soustraction* se fait pour les *nombres décimaux* comme pour les *nombres entiers;* on ajoute le reste au petit nombre : on doit retrouver le grand.

Exercices. — 1. Retranchez 3,287 de 18,6.

2. Retranchez : 9,56 de 77,3 ; 5,7899 de 897,33.

3. Un terrain inculte avait 1256ª,3. On en cultive 327ª,48. Quelle est l'étendue qui demeure inculte?

4. Un câble avait 42ᵐ,57 de long. On en a coupé 17ᵐ,2. Quelle longueur a-t-il à présent?

5. Additionnez: 0,5 ; 29 ; 530 ; 57,36.

6. Multipliez : 299163 par 16008.

7. Divisez : 347323 par 67,

CHAPITRE IV

MULTIPLICATION DES NOMBRES DÉCIMAUX

—

153. — Définition.

Multiplier un nombre quelconque par un nombre décimal, c'est *prendre* plusieurs fois une certaine *fraction décimale* de ce nombre quelconque.

Multiplier 382,4 par 5,3, c'est-à-dire par 53 dixièmes, c'est *prendre* 53 fois le dixième de 382,4 ; ou bien, en d'autres termes, les 53 dixièmes de 382,4.

Exercices. — 1. Qu'est-ce que multiplier 32 par 0,3?

2. Qu'est-ce que multiplier 37,92 par 0,0024?

3. J'ai dépensé ce matin 13ᶠ,35 et prêté 9ᶠ,50. Combien ai-je de moins dans ma bourse ?

4. Un tonneau contenait 229ˡ,3. Par accident, il s'est perdu 27ˡ,38 de son contenu. Combien contient-il?

5. Additionnez : 0,11 ; 1,15 ; 0,848.

6. Retranchez : 162,766 de 207,15.

7. Divisez : 75584632 par 446.

154. — Règle pratique.

Pour *multiplier* l'un par l'autre deux *nombres décimaux*, on opère d'abord, sans *s'occuper des virgules*, comme si ces nombres étaient entiers.

On *sépare* ensuite par une *virgule*, sur la *droite* du produit obtenu, *autant* de chiffres décimaux qu'il y en a dans les deux facteurs *ensemble*.

Pour multiplier 13,824 par 7,19, on fait le produit, sans *s'occuper des virgules*, puis l'on sépare, par une *virgule*, 5 chiffres décimaux sur la *droite* du résultat obtenu.

Exercices. — 1. Multipliez 195,4 par 9,88.

2. Multipliez : 0,715 par 141,5 ; 870 par 95,258.

3. Multipliez : 46,641 par 450,68 ; 59,904 par 5,2158.

4. Multipliez : 1390,97 par 503,04 ; 67329 par 65,296.

5. Du café coûte 4^f,45 le kilogramme. On en achète 0^{Kg},750. Combien doit-on payer ?

6. Trois tas d'avoine en contiennent 324^{Kg},7 ; 454^{Kg},89 ; 528^{Kg},78. Dites le poids total.

7. On réunit, en démolissant un mur qui les séparait, deux terrains, l'un de 18^a,37, l'autre de 56^a,4. Quelle est l'étendue totale ?

155. — Multiplication par 10, 100, 1000, ...

Pour *multiplier* un nombre par 10, on *avance* sa virgule *d'un rang* vers la *droite*.

Soit à *multiplier* 34,893 par 10. On *avance* la virgule *d'un rang* vers la *droite*, et l'on trouve 348,93.

Pour *multiplier* par 100, on *avance* la virgule de 2 *rangs* vers la droite ; pour *multiplier* par 1000, on *l'avance* de 3 *rangs* ; et ainsi de suite.

Si le nombre à multiplier n'avait *pas assez* de *décimales* pour qu'on pût avancer suffisamment sa virgule, on écrirait d'abord des *zéros* à la *droite* de ce nombre.

Soit à *multiplier* 13,7 par 1000. J'écris *d'abord* ce nombre sous cette forme 13,700 ; puis *j'avance* la virgule de 3 *rangs* vers la *droite*. Je trouve 13700.

Exercices. — 1. Multipliez : 70,383 par 10.

2. Multipliez : 761,88 par 100 ; 4590,4 par 1 000.

3. Multipliez : 4,3417 par 100 ; 0,95135 par 10000.

4. Multipliez : 5,6 par 0,012 ; 0,0034 par 0,00041.

—5. On veut mettre des franges à 7 tapis. Il faut 3ᵐ,57 de franges par tapis. Combien pour les 7 ?

6. Additionnez : 2,447 ; 4,358 et 0,85.

7. Retranchez : 0,0029 de 2,87.

156. — Preuve.

La *preuve de la multiplication* se fait pour les *nombres décimaux* comme pour les *nombres entiers :* on renverse l'ordre des facteurs.

Exercices. — 1. Multipliez : 144,846 par 736 et faites la *preuve* de cette multiplication.

2. Multipliez : 118,595 par 58,7 ; 821,72 par 1000.

—3. Un bassin contient 83ˡ,729 d'un liquide qui coûte 2ᶠ,45 le litre. Dites la valeur de tout ce liquide.

4. Des timbres-poste valent 0ᶠ,15 pièce. Combien faut-il pour en acheter *un cent ?*

5. Additionnez : 0,3 ; 2,9 et 10,00261.

6. Retranchez : 7,199 de 8.

7. Multipliez : 0,0118 par 0,98.

CHAPITRE V

DIVISION DES NOMBRES DÉCIMAUX

157. — Définition.

Diviser un nombre décimal par un autre, c'est chercher *combien* de fois le premier *contient* le second.

Diviser 73,256 par 2,8, c'est chercher *combien* de fois 73,256 *contient* 2,8.

Exercices. — 1. Additionnez : 5,62 et 0,364.

2. Retranchez : 87,47 de 163,896.

3. Multipliez : 24,3654 par 27,9.

4. Multipliez : 311,525 par 0,978.

5. On a puisé à une source 27^l,55 d'eau ; puis 36^l,495 ; puis 43^l,625. Combien de *litres* en tout ?

6. Un enclos était de 68^a,17. On y a construit un hangar qui couvre 27^a,49. Quelle étendue reste à découvert ?

7. On achète, pour en faire de la confiture, 93 coings à 0^f,25 pièce. Quelle somme débourse-t-on ?

---

158. — Règle pratique.

Pour faire la *division* des *nombres décimaux*, on opère d'abord, sans *s'occuper des virgules*, comme si les deux nombres étaient entiers.

On *sépare* ensuite, par une *virgule*, sur la *droite* du quotient, *autant* de décimales qu'il y en a au dividende *de plus* qu'au diviseur.

Soit à *diviser* 13,289 par 4,7. On divise, sans *s'occuper des virgules*. Puis on *sépare*, par une *virgule*, sur la *droite* du quotient, juste 2 décimales, puisqu'il y a 2 décimales *de plus* au dividende 13,289 qu'au diviseur 4,7.

Exercices. — **1.** Divisez : 24,21 par 10,7.

2. Divisez : 1,472 par 0,49 ; 16,77 par 0,95.

3. Divisez : 286,050 par 3,49 ; 677,1 par 31.

4. Divisez : 16,2289 par 6,7 ; 57,482 par 0,39.

5. Combien de paquets, de 0^{Kg},125 chacun, peut-on faire avec 2^{Kg},375 de poudre ?

6. Retranchez : 20,54 de 38,912.

7. Multipliez : 3,45 par 10 000.

---

159. — Le dividende n'a pas assez de décimales.

La règle précédente suppose que le dividende ait, au moins, *autant* de *décimales* que le diviseur.

Si le dividende a *moins* de *décimales* que le diviseur, on écrit des *zéros* à la *droite* du dividende.

Soit à *diviser* 3,4 par 1,428. On écrit au moins 2 *zéros* à la *droite* de 3,4.

En écrivant *assez* de zéros à la *droite* du dividende,

on peut faire que le quotient ait *autant* de *décimales* que l'on veut.

> **Exercices.** — 1. Divisez : 13,2 par 0,6789.
> 2. Divisez : 4,12 par 3,628 ; 39,5 par 4,367.
> 3. Divisez 5,8 par 4,79 de manière à avoir 2 *décimales* au quotient.
> 4. Divisez 7,34 par 2,3 de manière à avoir 4 *décimales* au quotient.
> 5. On a acheté 28^m,6 d'une certaine étoffe pour 99^f,70. Combien coûte le *mètre* de cette étoffe ?
> 6. Additionnez : 0,12 ; 2 ; 0,062.
> 7. Multipliez : 1,362 par 100,3.

160. — Le quotient n'a pas assez de chiffres.

La règle suppose que le quotient ait *plus* de chiffres qu'on n'en doit *séparer* sur sa *droite*.

Si le quotient *n'a pas plus* de chiffres qu'on en doit *séparer*, on écrit d'abord des zéros à sa *gauche*.

Supposons que le quotient soit 27, et qu'on doive séparer 3 *chiffres* sur sa *droite*. On écrira le quotient 0027 ; et, en séparant les trois chiffres, on trouvera 0,027.

> **Exercices.** — 1. Divisez : 3,28 par 4,5.
> 2. Divisez : 0,2578 par 41,3 ; 1,456 par 32.
> 3. Divisez 21,4 par 34,5, de manière à avoir 3 *décimales* au quotient.
> 4. Divisez 0,1 par 28, de manière à avoir 4 *décimales*.
> 5. Retranchez : 51,422 de 63.
> 6. Multipliez : 19,085 par 32,947.
> 7. Une fontaine verse 319^l,24 par *heure*. L'heure contient 60 *minutes*. Combien cette fontaine verse-t-elle par *minute*?

161. — Division par 10, 100, 1 000, ...

Pour *diviser* un nombre décimal par 10, on *recule* sa virgule *d'un rang* vers la *gauche*.

Soit à *diviser* 234,56 par 10 : on *recule* la virgule *d'un rang*, et l'on trouve 23,456.

Pour *diviser* un nombre par 100, on *recule* sa virgule de 2 *rangs;* pour le *diviser* par 1000, on la *recule* de 3 *rangs,* et ainsi de suite.

Si le nombre à diviser n'a *pas assez* de chiffres pour qu'on puisse *reculer* sa virgule *autant* qu'il convient, on écrit d'abord des *zéros* à sa *gauche.*

Soit à diviser 3,25 par 1000. On écrit ce nombre ainsi : 0003,25 ; puis on *recule* sa virgule de 3 *rangs* : on trouve 0,00325.

Exercices. — 1. Divisez : 287,9 par 10.

2. Divisez : 387,56 par 100 ; 4927,8 par 1000.

3. Divisez : 3,11 par 1000 ; 0,27 par 10.

4. Divisez : 0,287 par 100 ; 13,825 par 10 000.

5. Les bonnes avoines noires coûtent $21^f,25$ les 100^{Kg}. A combien revient le *kilogramme?*

6. Additionnez : 2,054 ; 0,1362 et 9.

7. Retranchez : 1,843 de 248,5.

162. — Preuve.

La *preuve de la division* se fait pour les *nombres décimaux* comme pour les *nombres entiers :* on multiplie le diviseur par le quotient ; au produit, on ajoute le reste : on doit retrouver le dividende.

Exercices. — 1. Divisez : 387,98674 par 4,52, et faites la *preuve* de cette division.

2. Divisez : 38,627 par 4,31 ; 19,628 par 2,9.

3. Divisez : 3,2 par 0,56 ; 15,3 par 6,729.

4. Divisez : 3,289 par 4,2 ; 5,6789 par 13,6.

5. Divisez : 234,56 par 100 ; 7,2681 par 1000.

6. Divisez : 0,0047 par 0,06.

7. Divisez : 0,006 par 0,35.

LIVRE IV

LE SYSTÈME MÉTRIQUE

CHAPITRE PREMIER

LES LONGUEURS

---

163. — Le mètre.

Pour les *longueurs,* l'unité principale est le **mètre.**

Le *mètre* est la *dix-millionième* partie du *quart* du *méridien terrestre,* c'est-à-dire la *dix-millionième* partie du *quart* d'un *cercle* qui fait le *tour entier* de la terre (*fig.*1).

Le mot français *mètre* vient d'un mot grec qui signifie *mesure.*

Notre *système des poids et mesures* se nomme **système métrique,** parce que les *poids* et *mesures* dont il se compose dérivent tous du *mètre.*

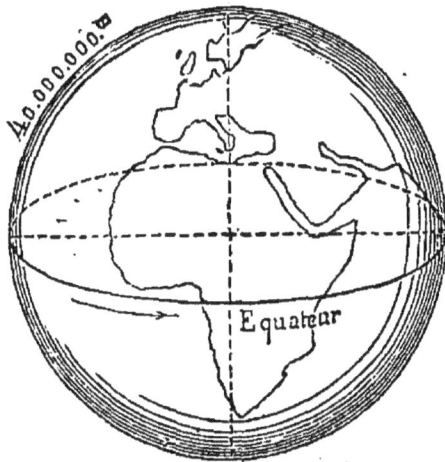

Fig. 1.

Exercices. — 1. Additionnez : 3 621ᵐ,35 ; 817ᵐ,17 ; 960ᵐ,004.

5.

2. Retranchez : $3^m,25$ de 1000^m ; $437^m,02$ de $10\,000^m$.

3. Prenez le *double* de $16^m,56$.

4. Prenez la *moitié* de $325^m,846$.

5. Un coupon d'étoffe à $3^m,45$. On en coupe $1^m,69$. Combien en reste-t-il ?

6. Il faut $2^m,29$ de drap pour faire un certain uniforme. Combien en faut-il pour 4237 uniformes ?

7. L'heure vaut 60 minutes. Un cheval fait $8\,325^m$ par heure. Combien fait-il par minute ?

---

164. — Les multiples du mètre.

Les *multiples du mètre* sont :

Le **décamètre** (Dm) qui vaut **dix** *mètres* ;
L'**hectomètre** (Hm) — **cent** *mètres* ;
Le **kilomètre** (Km) — **mille** *mètres* ;
Le **myriamètre** (Mm) — **dix mille** *mètres*.

Ces mots *déca, hecto, kilo, myria*, viennent tous du grec.

déca	signifie	*dix* ;
hecto	—	*cent* ;
kilo	—	*mille* ;
myria	—	*dix-mille*

Exercices. — **1.** Combien de *mètres* dans $15^{Hm},26$?

2. Combien de *mètres* dans $3^{Mm},887$; dans $5^{Km},6$?

3. Combien de *décamètres* dans $6\,827^m,4$?

4. Combien 1^{Dm}, plus 1^{Hm}, plus 1^{Km} font-ils de *mètres* ?

5. Le Rhône a 812^{Km} de longueur; la Seine 776^{Km}. De combien le cours du Rhône est-il plus long ?

6. Une rue a 97^{Dm}. Quelle serait la longueur d'une rue 4 fois plus longue ?

7. La Loire a 98^{Mm} de long. Quel chemin a-t-on fait quand on a parcouru le *tiers* de son cours ?

165. — Mesures itinéraires.

On appelle **mesures itinéraires** les mesures qui servent à évaluer la *longueur* des *chemins*.

Le *kilomètre* et le *myriamètre* sont des *mesures itinéraires*.

Il y a, sur les routes de France, des *bornes* numérotées, de *kilomètre* en *kilomètre*.

La **lieue** est une ancienne *mesure itinéraire* qui vaut 4 *kilomètres*.

Exercices. — 1. La distance moyenne de la terre à la lune est de 96 109 *lieues*. Exprimez cette distance en *kilomètres*.

2. Ajoutez : $36^{Km},25$; $98^{Km},769$; $119^{Km},5$.

3. Retranchez : $9^{Mm},237$ de 10^{Mm}.

4. Quel est le *triple* d'une longueur de $13^{Mm},6$?

5. Un cheval a parcouru lundi $25^{Km},8$; mardi $22^{Km},32$; mercredi 29^{Km}. Combien en tout?

6. Le train rapide fait 76^{Km} en 66 *minutes*. Combien par *minute*?

7. Il y a 863^{Km} de Paris à Marseille, et 512^{Km} de Paris à Lyon. Calculez la distance de Lyon à Marseille.

----

166. — Les sous-multiples du mètre.

Les *sous-multiples* du *mètre* sont :

Le **décimètre** (dm) qui est le **dixième** du *mètre;*
Le **centimètre** (cm) — le **centième** du *mètre;*
Le **millimètre** (mm) — le **millième** du *mètre.*

Les mots *déci, centi, milli*, viennent tous du latin.

déci	signifie	*dixième;*
centi	—	*centième;*
milli	—	*millième.*

Exercices. — 1. Ajoutez 56^{cm} ; $4^{cm},8$; $2^{cm},79$.

2. Combien $25^m,3$ font-ils : de *centimètres*, de *millimètres?*

3. Combien y a-t-il de *mètres* dans $367\,489^{mm},7$?

4. Combien y a-t-il de *mètres* dans 4633^{dc},58?

5. La taille de ce conscrit est de 172^{cm},3 ; celle de cet autre est de 168^{cm},9. Faites la différence.

6. Quelle longueur obtient-on en mettant bout à bout 7 règles de 8^{dm},53?

7. On partage un ruban de 25^{dm},6 en 8 parties égales. Dites la longueur de chaque partie?

167. — Grandeur relative des unités de longueur.

Les *multiples du mètre* sont de **dix** en **dix** fois *plus grands.*

Le *décamètre*   vaut dix *mètres;*
L'*hectomètre*   — dix *décamètres;*
Le *kilomètre*   — dix *hectomètres;*
Le *myriamètre*   — dix *kilomètres;*

Les *sous-multiples du mètre* sont de **dix** en **dix** fois *plus petits.*

Le *décimètre*   est le dixième du *mètre;*
Le *centimètre*   — le dixième du *décimètre;*
Le *millimètre*   — le dixième du *centimètre;*

Exercices. — 1. Combien 37^{Hm},86 font-ils de *décamètres?*

2. Combien 4^{Mm},8567 font-ils de *kilomètres?*

3. Combien 37689^{mm},5 font-ils de *centimètres?*

4. Prenez la différence de ces longueurs : 3^{Mm},6892 et 5^{Mm},21.

5. Un homme peut faire, en marchant, 19^{Km},7 tous les *jours.* Quel chemin peut-il parcourir en 9 *jours?*

6. La longueur du Rhône est de 812^{Km} et celle de la Saône de 455^{Km}. La première de ces longueurs dépasse-t-elle le *double* de la seconde?

7. Il y a 113^{Km} de Paris à Sens; 84^{Km} de Sens à Tonnerre; 118^{Km} de Tonnerre à Dijon. Dites la distance de Paris à Dijon.

168. — Sur les longueurs écrites en chiffres.

Dans les *longueurs* écrites en chiffres, les *multiples du mètre* sont à *gauche* du chiffre des *mètres*; les *sous-multiples* sont à *droite*.

Ces multiples et sous-multiples se succèdent de *chiffre en chiffre*, parce qu'ils sont de *dix* en *dix* fois plus grands ou plus petits.

On voit ce mode de succession sur le nombre ci-contre :

$$196784^m,3254$$

Myriam.
Kilom.
Hectom.
Décam.
mètres
décim.
centim.
millim.

Exercices. — **1.** Marquez les unités de longueur sur les nombres $13655^m,478$; $18404^{Dm},6579$.

2. Ecrivez : 4 *décimètres* 8 *millimètres*.

3. Ecrivez : 1 *mètre* 4 *centimètres*.

4. Ecrivez : 4 *kilomètres* 7 *mètres*.

5. Ecrivez : 6 *myriamètres* 5 *hectomètres*.

6. Additionnez : $13^{dm},8$; $4^{dm},96$; $4^{dm},7$.

7. Une feuille de papier a une longueur de $36^{cm},3$ et une largeur de $22^{cm},9$. Dites la différence de ses deux *dimensions*.

---

169. — Du changement d'unité.

Pour *changer d'unité*, on met la *virgule* à la *droite* du chiffre qui correspond à la *nouvelle unité*.

Soit $1367^m,28$ à exprimer en *hectomètres*. On met la *virgule* à la *droite* du chiffre des *hectomètres*, et l'on écrit $13^{Hm},6728$.

Les longueurs considérées dans une *même question* doivent être exprimées *toutes* à l'aide de la *même unité*.

Exercices. — **1.** Exprimez en *centimètres* ces diverses longueurs : $10415^{mm},5$; $0^{dm},79$; $101^{Dm},902$; $6^{Hm},6841$.

2. Exprimez en *décamètres* ces diverses longueurs : $10509^{dm},9$; $0^m,57$; $74^{Hm},783$; $45^{Km},2673$.

3. Exprimez en *kilomètres* ces diverses longueurs : $12865^{dm},4$; $0^{Dm},66$; $113^{Hm},688$; $6^{Mm},3035$.

4. Additionnez : $2^m,3$; $8^{dm},5$; $4^{Dm},26$.
5. Additionnez : $0^{Mm},11$; $2^{Km},7$; $6^{Dm},9$.
6. Retranchez : $3^{dm}21$ de $4^m,5$.
7. Retranchez : $4^{Hm},87$ de $2^{Km},0$.

---

170. — Les mesures effectives de longueur.

Les *mesures effectives de longueur* sont celles qu'on emploie *réellement* pour mesurer les longueurs.

Il y a 8 *mesures effectives de longueur* : le *double-décamètre*, le *décamètre* et le *demi-décamètre* ; — le *double-mètre*, le *mètre* et le *demi-mètre* ; — le *double-décimètre* et le *décimètre*.

Le *double-décamètre*, le *décamètre* et le *demi-décamètre* sont des chaînes ou des rubans métalliques. La *chaîne d'arpenteur* vaut un *décamètre* (fig. 2).

Fig. 2.

Le *double-mètre*, le *mètre*, le *demi-mètre* sont des barres rigides, des tiges articulées (fig. 3) ou des rubans.

Fig. 3.

Le *double-décimètre* et le *décimètre* sont des règles divisées (fig. 4).

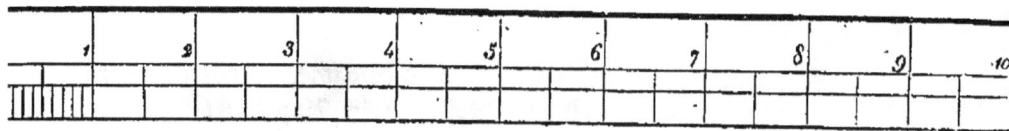

Fig. 4.

Exercices. — 1. Combien y a-t-il de *mètres* dans ces 3 longueurs : $2^{Km},57$; $13^{Dm},285$; $2657^{cm},8$?
2. Le Rhin a 1223^{Km} ; la Loire 980^{Km}. Faites la différence?

3. Deux coureurs, partis en même temps, ont parcouru 638^m,5 et 579^m. Dites l'avance qu'a le premier?

4. Quelle est la longueur qui est exactement le *quadruple* de 250^m?

5. On fait 39^{Km},326 en 1^h. Combien en 16^h?

6. Quelle est la longueur qui est exactement le *tiers* de 6 324^{Dm},549?

7. On paie, en troisième classe, 15^f,45 pour faire les 228^{Km} qui séparent Paris du Havre. Combien fait-on de *kilomètres* pour 1^f?

---

171. — Comment on mesure les longueurs.

Pour *mesurer une longueur*, on porte le *mètre* sur elle autant de fois que possible.

Si le *mètre* y entre *juste plusieurs fois*, il suffit de dire ce nombre de fois.

On dit : ce mur a 21^m de long.

S'il y a un *reste*, ce reste est *moindre* que 1^m. On cherche combien il *contient* de fois un *sous-multiple du mètre*, par exemple, un *centimètre*.

On dit : cette étoffe a 7^m,35 de long.

> **Exercices. — 1.** Ajoutez : 13^{Km},57 ; 229^m,6 ; 11^{Hm},08.
> **2.** Retranchez : 134^{cm},28 de 4^{Hm},654.
> **3.** Cette maison a 19^m,56 de haut et cette autre 8^m,46. Dites la différence des deux hauteurs.
> **4.** Chacune de ces marches a 11^{cm},5 de haut. A quelle hauteur arrive cet escalier de 38 marches?
> **5.** Une tour a 7 étages. Sa hauteur est de 26^m. Calculez la hauteur de chaque étage.
> **6.** Dans un train, les voitures ont en moyenne 6^m,37 de long. Le train a 19 voitures. Dites sa longueur.
> **7.** La grande pyramide s'élève à 146^m. Combien en faudrait-il superposer de pareilles pour atteindre à 4810^m, hauteur du Mont-Blanc?

CHAPITRE II

LES AIRES OU SUPERFICIES

—

172. — Le mètre carré.

Pour les *aires* ou *superficies*, l'unité principale est le **mètre carré** (mq).

Le *mètre carré* est un *carré* qui a un *mètre* de chaque côté.

Fig. 5.

Un *carré* est une figure semblable à la figure ci-contre, dont tous les côtés sont égaux.

Exercices. — 1. Trois chambres ont pour étendues : $9^{mq},25$; $12^{mq},18$; $14^{mq},27$. Quelle en est l'étendue totale ?

2. Retranchez : $8^{mq},92$ de $652^{mq},1$.

3. Quel est le *triple* de $17^{mq},56$?

4. Quel est le *tiers* de $13^{mq},856$?

5. Quel est le *quart* de $38^{mq},09$?

6. Chacun de ces 23 rouleaux de papier peint couvre $11^{mq},08$. Quelle surface couvriront-ils ensemble ?

7. Huit tapis pareils couvrent $102^{mq},4$. Quelle surface couvre chacun d'eux ?

———

173. — Les multiples du mètre carré.

Les *multiples du mètre carré* sont :

- Le **décamètre carré**　(Dmq) ;
- L'**hectomètre carré**　(Hmq) ;
- Le **kilomètre carré**　(Kmq) ;
- Le **myriamètre carré** (Mmq).

Le *décamètre carré* est un carré d'un *décamètre* de côté : il vaut *cent* mètres carrés ;

L'*hectomètre carré* est un carré d'un *hectomètre* de côté : il vaut *dix mille* mètres carrés ;

Le *kilomètre carré* est un carré d'un *kilomètre* de côté : il vaut *un million* de mètres carrés ;

Le *myriamètre carré* est un carré d'un *myriamètre* de côté : il vaut *cent millions* de mètres carrés.

Exercices. — 1. Ajoutez 3 624^{Hmq},7 et 4620^{Hmq},82.

2. Retranchez : 7 466^{Mmq},28 de 1 000 000^{Mmq}.

3. Quel est le *quadruple* de 108^{Hmq},7 ?

4. Quel est le *quart* de 365^{Kmq},32 ?

5. Combien 16^{Hmq},7 font-ils de *mètres carrés?*

6. Dix-sept terrains ont chacun une étendue de 14^{Dmq},627. Quelle en est l'étendue totale?

—7. Le lac des Quatre-Cantons a 113^{Kmq} et le lac de Genève 633^{Kmq}. Combien de fois le second pourrait-il contenir le premier?

174. — Les sous-multiples du mètre carré.

Les *sous-multiples du mètre carré* sont :

Le **décimètre carré** (dmq) ;
Le **centimètre carré** (cmq) ;
Le **millimètre carré** (mmq) ;

Le *décimètre carré* est un carré d'un *décimètre* de côté : il est le *centième* du mètre carré ;

Le *centimètre carré* est un carré d'un *centimètre* de côté : il est le *dix-millième* du mètre carré ;

Le *millimètre carré* est un carré d'un *millimètre* de côté : il est le *millionième* du mètre carré.

Exercices. — 1. Trois taches ont des étendues de 3^{cmq},62 ; 4^{cmq},7 ; 1^{cmq},6. Dites l'étendue totale?

2. Retranchez 3^{cmq},626 de 14^{cmq},8.

3. Prenez le *quintuple* de 154^{mmq},67 ?

4. Prenez le *cinquième* de 1 328^{cmq},5?

5. Combien 8^{mq} font-ils de *décimètres carrés?*

6. Combien 3^{mq} font-ils de *millimètres carrés* ?

7. La surface d'un papier est de 625^{cmq},87. On le partage en quatre parties égales. Dites l'étendue de chaque partie?

175. — Grandeur relative des unités de superficie.

Les *multiples* du mètre carré sont de **cent** en **cent** fois *plus grands*.

Le *décamètre carré*	vaut	*cent mètres carrés* ;
L'*hectomètre carré*	—	*cent décamètres carrés* ;
Le *kilomètre carré*	—	*cent hectomètres carrés* ;
Le *myriamètre carré*	—	*cent kilomètres carrés*.

Les *sous-multiples* du mètre carré sont de **cent** en **cent** fois *plus petits*.

Le *décimètre carré*	est le centième du	*mètre carré* ;
Le *centimètre carré*	— le centième du	*décimètre carré* ;
Le *millimètre carré*	— le centième du	*centimètre carré*.

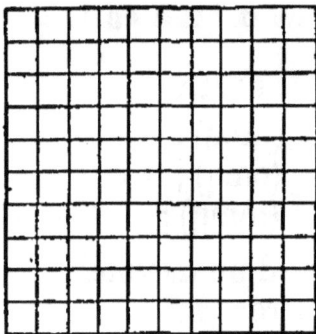

Fig. 6.

Pour montrer que le *décimètre carré*, par exemple, contient *cent centimètres carrés*, supposons que le carré ci-contre soit un *décimètre carré* : les droites qui sont menées le partagent évidemment en *cent centimètres carrés*.

Exercices. — **1.** Combien $49^{Hmq},875$ font-ils de *décamètres carrés* ?

2. Combien $9^{Mmq},7593$ font-ils de *kilomètres carrés* ?

3. Combien $3^{mmq},6$ font-ils de *centimètres carrés* ?

4. Prenez la différence de ces 2 aires : $18^{Kmq},687$ et $17^{Kmq},92$.

5. Ces 57 dalles couvrent une surface de $78^{mq},56$. Quelle est l'étendue de chaque dalle ?

6. Quelle surface peut-on carreler avec 2 728 carreaux de $3^{dmq},085$ chacun.

7. Le département de la Corrèze a 3 arrondissements dont les étendues sont $2\,568^{Kmq}$; $1\,523^{Kmq}$; $1\,775^{Kmq}$. Quelle est son étendue totale ?

176. — Sur les aires écrites en chiffres.

Dans les *aires* écrites en chiffres, les *multiples du mètre carré* sont à *gauche* du chiffre des *mètres carrés ;* les *sous-multiples* sont à *droite.*

Ces multiples ou sous-multiples se succèdent de *deux en deux* chiffres, parce qu'ils sont de *cent* en *cent* fois plus grands ou plus petits.

On voit ce mode de succession sur le nombre ci-contre :

$$875\ 43\ 25\ 00\ 89^{mq},84\ 79\ 012$$

Myriam. carrés	Kilom. carrés	Hectom. carrés	Décam. carrés	mètres carrés	décim. carrés	centim. carrés	millim. carrés
875	43	25	00	89	84	79	012

Exercices. — 1. Marquez les unités de superficie sur 15 036^{mq},543 ; 1 199^{Dmq},456 765.

2. Ecrivez : 7 *décimètres carrés* 8 *millimètres carrés.*

3. Ecrivez : 9 *décamètres carrés* 5 *centimètres carrés.*

4. Ecrivez : 4 *hectomètres carrés* 6 *décimètres carrés.*

5. Ecrivez : 2 *myriamètres carrés* 3 *mètres carrés.*

6. Quelle étendue couvriraient les unes à côté des autres les 192 pages d'un livre dont chacune a une superficie de 2^{dmq},09 ?

7. Combien faut-il de pavés de 1^{dmq},8 pour paver une cour de 9 780^{dmq},57 ?

---

177. — Du changement d'unité.

Pour *changer d'unité*, on met la *virgule* à la *droite* du chiffre qui correspond à la *nouvelle unité.*

Soit 26 483^{mq},09 à exprimer en *décamètres carrés.* On met la *virgule* à la *droite* du chiffre des *décamètres carrés*, et l'on écrit 264^{Dmq},8309.

Les aires considérées dans une *même question* doivent être exprimées *toutes* à l'aide de la *même unité.*

Exercices. — 1. Exprimez en *centimètres carrés* ces différentes aires : 630 957^{mmq},54 ; 9 595^{dmq},4 ; 101^{Dmq},64 ; 2^{Hmq},77.

2. Exprimez en *décamètres carrés* ces différentes aires: 420^{cmq},54 ; 38^{mq},774 ; 278^{Hmq},423 ; 400^{Kmq}.

3. Exprimez en *kilomètres carrés* ces différentes aires :
1 159^{dmq},13 ; 113^{Dmq},413 ; 84^{Hmq},197 ; 0^{Mmq},91.

4. Un plafond a une superficie de 2 147^{dmq},8. Exprimez cette aire en *mètres carrés*.

5. Le lac du Bourget couvre 75^{Kmq}. Calculez sa superficie en *décamètres carrés*.

6. Le lac de Saint-Point couvre 4^{Kmq}. Dites sa superficie en *mètres carrés*.

7. Le département de la Nièvre a 6 817^{Kmq}. Exprimez son étendue en *décamètres carrés*.

---

178. — Comment on mesure les aires.

Il n'y a pas de *mesures effectives* pour les *aires*.

Pour évaluer une *aire*, on mesure, en général, *deux longueurs*, et l'on fait une certaine *opération* sur les nombres obtenus.

Fig. 7.

Soit à évaluer *l'aire* de la figure ci-contre, qui se nomme un *rectangle*. On en mesure la *longueur* et la *largeur*, puis on fait le *produit* des deux nombres obtenus.

Supposons que la *longueur* soit de 3^{cm} et la *largeur* de 2^{cm}. En *multipliant* 3 par 2, on trouve 6. *L'aire* est de 6^{cmq}.

La **géométrie** nous apprend à mesurer les *aires*.

Exercices. — 1. Trouvez l'aire d'un *rectangle* qui a 5^{dm},8 de long et 3^{dm},4 de large.

2. Trouvez l'aire d'un *rectangle* ayant pour côtés 4^{Km} et 7^{Km}.

3. Trouvez l'aire d'un *rectangle* ayant pour côtés 27^{mm} et 8^{mm}.

4. Calculez la surface d'un miroir *rectangulaire* qui a 32^{cm} de haut et 19 de large.

5. Une salle *rectangulaire* a 12^{m},8 de long et 7^{m},35 de large. Quelle est sa superficie ?

6. Un champ de forme *rectangulaire* a 13^{Dm},82 de long et 8^{Dm},7 de large. Trouvez son étendue.

7. Un terrain de forme *rectangulaire* a une longueur de
12^{Km},827. Sa surface est de 31^{Kmq},92. Calculez sa
largeur.

___

179. — Mesures agraires.

Les **mesures agraires** sont celles qui servent à
évaluer l'étendue des *champs*.

Le mot français *agraire* vient d'un mot latin qui
signifie *champ*.

L'unité principale des *mesures agraires* est l'**are**.

L'*are* n'est autre chose que le *décamètre carré*, c'est-
à-dire qu'un carré de dix mètres de côté.

L'*are* vaut *cent* mètres carrés.

> **Exercices.** — 1. Exprimez en *ares* une surface de
> 318^{Kmq},27.
> 2. Exprimez en *ares* une surface de 2 196 825^{mq},36.
> 3. Exprimez 37^a,8 en *mètres carrés*.
> 4. Retranchez 38^a,2769 de 50^a.
> 5. Dites l'étendue totale de 27 champs de 19^a,987.
> 6. Un fermier avait une terre de 1 296^a,39. On la par-
> tage entre ses 7 héritiers. Qu'aura chacun d'eux ?
> 7. Quelle est l'étendue d'un arrondissement de Paris
> dont les 4 quartiers ont pour surfaces 3 200^a;
> 4 085^a; 4 815^a et 3 550^a?

___

180. — Les multiples et les sous-multiples de l'are.

L'*are* n'a qu'un *multiple* : l'**hectare** (Ha) qui vaut
cent *ares*.

L'*hectare* est juste égal à l'*héctomètre carré*.

L'*are* n'a qu'un *sous-multiple* : le **centiare** (ca) qui
est le **centième** de l'*are*.

Le *centiare* est juste égal au *mètre carré*.

L'*hectare*, l'*are* et le *centiare* sont de **cent** en **cent**
fois *plus grands* ou *plus petits*.

Exercices.— 1. Combien 11^{Ha},0947 font-ils d'*ares?*

2. Combien 4229^{ca},2 font-ils d'*ares?*

3. Quelle est l'étendue de l'arrondissement du Panthéon, dont les 4 quartiers ont pour surfaces: 59^{Ha},7; 80^{Ha}; 67^{Ha}; 42^{Ha},3 ?

4. Le lac d'Annecy a une étendue de 28^{Kmq}. Combien contient-il d'*hectares?*

5. Exprimez en *hectares* la superficie de la France qui est de 528'401^{Kmq}.

6. Exprimez en *centiares* une aire de 2127^a.

7. Exprimez en *hectares* la superficie de la ville de Paris, qui est de 780200^a.

———

181. — Sur les surfaces agraires écrites en chiffres.

Dans une *surface agraire* écrite en chiffres, les *hectares* sont à *gauche* du chiffre des *ares;* les *centiares* sont à *droite*.

L'*hectare*, l'*are* et le *centiare* se succèdent de *deux* en *deux* chiffres, parce qu'ils sont de *cent* en *cent* fois plus grands ou plus petits.

On voit ce mode de succession sur le nombre ci-contre.

43872^a,495

Hectares / ares / centiares

Exercices.— 1. Marquez les unités de superficie sur: 53^{Ha},0128; 175^a,003; 70513^{ca},1 ?

2. Ecrivez : 3 *ares* 7 *centiares*.

3. Ecrivez : 2 *hectares* 6 *centiares*.

4. Ecrivez : 3 *hectares* 5 *ares*.

5. Ecrivez : 7 *ares* 19 *centiares*.

6. La superficie de Paris est de 780200^a. Dites l'étendue moyenne de chacun des 80 quartiers.

7. Dans un quartier de Paris, il y a 32523 habitants sur une étendue de 28^{Ha}. Combien d'habitants par *hectare?*

———

182. — Du changement d'unité.

Pour *changer d'unité*, on met la *virgule* à la *droite* du chiffre qui correspond à la *nouvelle unité*.

Soit 3 872ᵃ,49 à exprimer en *hectares*. On met la *virgule* à la *droite* du chiffre des *hectares*, et l'on écrit 38ᴴᵃ,7249:

Les aires considérées dans une *même question* doivent être exprimées *toutes* à l'aide de la *même unité*.

> **Exercices.** — 1. Exprimez en *centiares* ces diverses surfaces : 3ᴴᵃ,257 ; 29ᵃ,662 ; 13ᵐᑫ,869.
>
> 2. Exprimez en *ares* ces diverses surfaces : 24ᴴᵃ,6781 ; 22ᶜᵃ,20359 ; 117ᴰᵐᑫ,00268.
>
> 3. Exprimez en *hectares* ces diverses surfaces: 2ᵃ,678 ; 461ᶜᵃ,867 ; 286ᴴᵐᑫ,6712.
>
> 4. Additionnez : 2ᴴᵃ,3 ; 3ᵃ,26 ; 196ᶜᵃ,7.
>
> 5. Additionnez : 0ᴴᵃ,72 ; 0ᵃ,6 ; 37ᶜᵃ,8.
>
> 6. Retranchez : 0ᴴᵃ,06 de 37ᵃ,8.
>
> 7. Retranchez : 0ᵃ,03 de 138ᶜᵃ,45.

CHAPITRE III

LES VOLUMES

—

183. — Le mètre cube.

Pour les *volumes*, l'unité principale est le **mètre cube** (mc).

Le *mètre cube* est un *cube* dont chaque arête a 1ᵐ.

Un *cube* est une figure semblable à la figure ci-contre, ayant tout à fait la forme d'un dé à jouer.

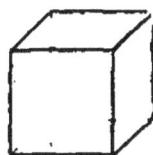

Fig. 8.

> **Exercices.** — 1. Additionnez : 53ᵐᶜ,37 et 18ᵐᶜ,365.
>
> 2. Additionnez : 4ᵐᶜ,2 et 136ᵐᶜ,968.
>
> 3. Combien un *cube* a-t-il de faces ?

4. Retranchez 3 625^{mc},6279 de 4 000^{mc},45.

5. Multipliez 1495^{mc},67 par 24,18.

6. En 1878, il est entré dans Paris 330 018^{mc} de moellons et 175 320^{mc} de pierres de taille. Combien de *mètres cubes* en tout ?

7. Un rocher a un volume de 3624^{mc},875. On le partage en 1227 parties égales. Dites le volume de chaque partie.

----

184. — Les multiples du mètre cube.

Les *multiples du mètre cube* sont :

Le **décamètre cube**   (Dmc) ;
L'**hectomètre cube**   (Hmc) ;
Le **kilomètre cube**   (Kmc) ;
Le **myriamètre cube**   (Mmc).

Le *décamètre cube* est un cube dont l'arête est d'un *décamètre* : il vaut *mille* mètres cubes ;

L'*hectomètre cube* est un cube dont l'arête est d'un *hectomètre* : il vaut un *million* de mètres cubes ;

Le *kilomètre cube* est un cube dont l'arête est d'un *kilomètre* : il vaut un *billion* de mètres cubes ;

Le *myriamètre cube* est un cube dont l'arête est d'un *myriamètre* : il vaut un *trillion* de mètres cubes.

Exercices. — 1. Combien de *mètres cubes* dans 62^{Dmc},5 ?

2. Ajoutez 4^{Hmc},8632 et 17^{Hmc},456789.

3. Retranchez : 326^{Mmc},7 de 400^{Mmc},28 ?

4. Quel est le *triple* de 32^{Kmc},8207 ?

5. Quel est le *quart* de 3 226^{Hmc},5 ?

6. Une carrière renfermait 3^{Dmc},628 de pierre. On en a extrait 0^{Dmc},429. Combien en reste-t-il ?

7. Les volumes de ces deux montagnes sont 6^{Mmc},968 et 0^{Mmc},0037. Combien de fois le premier volume contient-il le second ?

----

185. — Les sous-multiples du mètre cube.

Les *sous-multiples du mètre cube* sont :
Le **décimètre cube** (dmc);
Le **centimètre cube** (cmc);
Le **millimètre cube** (mmc).

Le *décimètre cube* est un cube dont l'arête est d'un *décimètre :* il est le *millième* du mètre cube;

Le *centimètre cube* est un cube dont l'arête est d'un *centimètre :* il est le *millionième* du mètre cube ;

Le *millimètre cube* est un cube dont l'arête est d'un *millimètre :* il est le *billionième* du mètre cube.

Exercices. — 1. Ajoutez : 153^{cmc}; $9^{cmc},6$; $13^{cmc},28$.

2. Retranchez : $14^{dmc},8$ de 21^{dmc}.

3. Combien $2^{mc},29$ font-ils de *décimètres cubes?*

4. Combien de *mètres cubes* dans $3289^{dmc},3$?

5. Combien de *mètres cubes* dans $57827^{cmc},26$?

6. Ce pavé a un volume de $924^{cmc},2$; cet autre, un volume de $946^{cmc},1$. Trouvez la différence.

7. Un dé a un volume de 1236^{mmc}. Quel est le volume total de 45 dés pareils?

186. — Grandeur relative des unités de volume.

Les *multiples* du mètre cube sont de **mille** en **mille** fois *plus grands.*

Le *décamètre cube* vaut mille *mètres cubes*;
L'*hectomètre cube* — mille *décamètres cubes;*
Le *kilomètre cube* — mille *hectomètres cubes;*
Le *myriamètre cube* — mille *kilomètres cubes.*

Les *sous-multiples* du mètre cube sont de **mille** en **mille** fois *plus petits.*

Le *décimètre cube* est le millième du *mètre cube*;
Le *centimètre cube* — millième du *décimètre cube;*
Le *millimètre cube* — millième du *centimètre cube.*

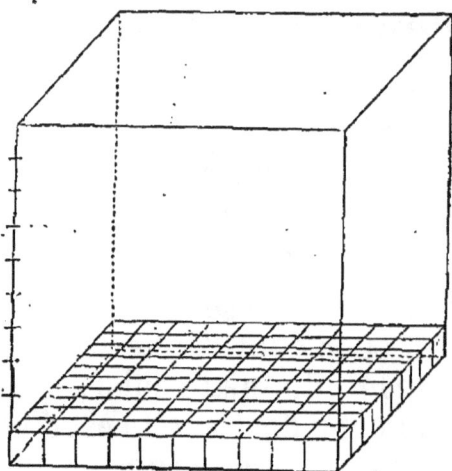

Fig. 9.

Pour montrer que le *décimètre cube* contient *mille centimètres cubes*, considérons la boîte ci-contre qui représente un *décimètre cube*. Son fond contient *cent centimètres carrés*. Si, sur chacun d'eux, je place un *centimètre cube*, ces *cent* petits cubes forment une couche d'un *centimètre* de haut. La boîte contient *dix* couches pareilles, c'est-à-dire *mille centimètres cubes*.

Exercices. — **1.** Combien 37^{Hmc},8297 font-ils de *décamètres cubes?*

2. Combien 34^{mmc},4 font-ils de *centimètres cubes?*

3. Combien 8^{Mmc},45 font-ils de *kilomètres cubes?*

4. Combien 325^{cmc},6 font-ils de *décimètres cubes?*

5. Quatre pierres de taille ont pour volumes : la première 0^{mc},367, la deuxième 0^{mc},86, la troisième 1^{mc},239, et la quatrième 1^{mc},436. Quel volume occupent-elles ensemble?

6. Une motte de beurre a un volume de 15^{dmc},836. On la partage en 23 morceaux. Quel sera le volume de chacun de ces morceaux?

7. Trois cailloux ont pour volumes 3^{cmc},5; 7^{cmc},89; 2^{cmc},1. On les jette dans un vase plein d'eau. Combien en déplacent-ils?

---

187. — **Sur les volumes écrits en chiffres.**

Dans les *volumes* écrits en chiffres, les *multiples du mètre cube* sont à *gauche* du chiffre des *mètres cubes;* les *sous-multiples* sont à *droite.*

Ces multiples et sous-multiples se succèdent de *trois*

en *trois* chiffres, parce qu'ils sont de *mille* en *mille* fois plus grands ou plus petits.

	Myriam. cubes	Kilom. cubes	Hectom. cubes	Décam. cubes	mètres cubes	décim. cubes	centim. cubes	millim. cubes
37	908	246	351	600^{mc},325	936	6887		

On voit ce mode de succession sur le nombre ci-contre.

Exercices. — 1. Marquez les unités de volume sur : 2^{Mmc},23578 ; 6238^{Dmc},628 ; 9436^{dmc},895 ?

2. Ecrivez : 3 *centimètres cubes* 7 *millimètres cubes.*

3. Ecrivez : 2 *mètres cubes* 6 *centimètres cubes.*

4. Ecrivez : 1 *hectomètre cube* 5 *décimètres cubes.*

5. Ecrivez : 9 *myriamètres cubes* 4 *mètres cubes.*

6. Ecrivez : 4 *décimètres cubes* 8 *centimètres cubes.*

7. Une bouteille contient 936^{cmc}. Quel est le volume de sa *neuvième* partie ?

---

188. — Changement d'unité.

Pour *changer d'unité*, on met la *virgule* à la *droite* du chiffre qui correspond à la *nouvelle unité.*

Soit 2 867^{mc},654901 à exprimer en *décimètres cubes.* On met la *virgule* à la *droite* du chiffre des *décimètres cubes*, et l'on écrit 2 867 654^{dmc},901.

Les volumes considérés dans une *même question* doivent être exprimés *tous* à l'aide de la *même unité.*

Exercices. — 1. Exprimez en *décimètres cubes* ces différents volumes : 30 405^{mmc},2 ; 4^{mc},3 ; 0^{Mmc},57 ; 1 186^{dmc},86.

2. Exprimez en *décamètres cubes* ces différents volumes : 16^{mc},5 ; 9^{cmc},9 ; 1 246^{Dmc},64 ; 86^{mmc},5.

3. Exprimez en *kilomètres cubes* ces différents volumes : 14 963^{cmc},3 ; 42^{Dmc},4 ; 8^{dmc},7 ; 13 325^{Hmc}, 2.

4. Exprimez 316^{cmc},5 en *millimètres cubes.*

5. Exprimez 45^{mc},821 en *décimètres cubes.*

6. Exprimez 322^{mc},0 en *hectomètres cubes.*

7. Exprimez 409^{Kmc},7 en *myriamètres cubes.*

---

189. — Comment on mesure les volumes.

Il n'y a pas de *mesures effectives* de *volume*.

Pour évaluer un *volume*, on mesure, en général, 3 *longueurs*, et l'on fait une certaine *opération* sur les 3 nombres obtenus.

Soit à évaluer le *volume* de la figure ci-contre qui se nomme un *parallélépipède rectangle*. On en mesure la *longueur*, la *largeur*, la *hauteur*, puis on *multiplie* entre eux les trois nombres obtenus.

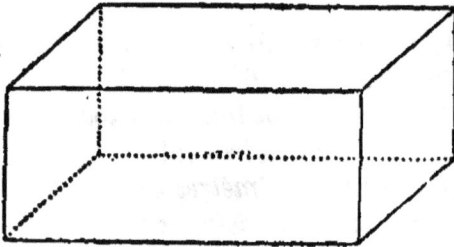

Supposons que sa *longueur* soit de 5^{cm}, sa *largeur* de 4^{cm}, sa *hauteur* de 2^{cm}. Son *volume* sera le produit $5 \times 4 \times 2$, c'est-à-dire 40^{cmc}.

Fig. 10.

La **géométrie** nous apprend à mesurer les *volumes*.

Exercices. — 1. Une pierre, en forme de *parallélépipède rectangle*, a $1^m,5$ de long, $1^m,1$ de large, $0^m,8$ de haut. Dites son volume.

2. Une chambre, en forme de *parallélépipède rectangle*, a $5^m,2$ de long, $4^m,4$ de large, $3^m,2$ de haut. Quel est son volume ?

3. Un réservoir, en forme de *parallélépipède rectangle*, a $15^m,6$ de long, $8^m,7$ de large, $3^m,6$ de profondeur. Trouvez sa contenance.

4. Ecrivez : 3 *centimètres cubes* 5 *millimètres cubes*.

5. Ecrivez : 7 *décimètres cubes* 11 *centimètres cubes*.

6. Ecrivez : 3 *mètres cubes* 9 *centimètres cubes*.

7. Ecrivez : 4 *décamètres cubes* 13 *mètres cubes*.

190. — Mesures pour le bois de chauffage.

Pour le *bois de chauffage*, l'unité principale est le **stère** (st).

Le *stère* n'est autre chose que le *mètre cube*.

Le *stère* n'a qu'un *multiple* : le **décastère** (Dst) qui vaut **dix** *stères*.

Le *stère* n'a qu'un *sous-multiple :* le **décistère** (dst) qui est le **dixième** du *stère*.

Le *décastère*, le *stère* et le *décistère* sont de **dix** en **dix** fois *plus grands* ou *plus petits*.

Exercices. — 1. Combien 43st,82 font-ils de *décistères ?*

2. Combien 2^{Dst},627 font-ils de *stères ?*
3. Combien 458^{dst},5 font-ils de *stères ?*
4. Combien 36st,67 font-ils de *décastères ?*
5. Combien 525^{mc} font-ils de *stères ?*
6. Combien 1^{Dmc} fait-il de *stères ?*
7. En 1878, il est entré dans Paris 391 008st de bois dur et 267 891st de bois blanc. Combien de *stères* en tout ?

191. — Sur les quantités de bois écrites en chiffres.

Dans les *quantités de bois* écrites en chiffres, les *décastères* sont à *gauche* du chiffre des *stères;* les *décistères* sont à *droite*.

Ces trois unités se succèdent de *chiffre* en *chiffre*, parce qu'elles sont de *dix* en *dix* fois plus grandes ou plus petites.

On voit ce mode de succession sur le nombre ci-contre :

325st,28

Exercices.— 1. Marquez les unités pour le bois sur: 4^{Dst},897 ; 124st,91 ; 3 926^{dst},5 ?

2. Ecrivez : 715 *stères* 2 *décistères*.
3. Ecrivez : 8 *décastères* 7 *stères*.
4. Ecrivez : 9 *décastères* 5 *décistères*.
5. Additionnez : 365st,8 ; 4st,9 ; 0st,257.
6. Retranchez 3 827st,48 de 40 000st.
7. Quel est le *quintuple* de 7 825st,4 ?

192. — Du changement d'unité.

Pour *changer d'unité*, on met la *virgule* à *la droite* du chiffre qui correspond à la *nouvelle unité*.

Soit $273^{st},49$ à exprimer en *décastères*. On met la virgule après le chiffre des *décastères*, et l'on écrit : $27^{Dst}, 349$.

Les quantités de bois considérées dans une *même question* doivent être exprimées *toutes* à l'aide de la *même unité*.

> **Exercices. — 1.** Exprimez en *stères* : $3^{Dst},29$; $5^{dst},8$.
>
> **2.** Exprimez en *décastères* : $4^{dst},7$; $583^{st},2$.
>
> **3.** Exprimez en *décistères* : $9^{Dst},1$; $28^{st},796$.
>
> **4.** Ecrivez : 11 *stères* 3 *décistères*.
>
> **5.** Ecrivez : 58 *décastères* 2 *décistères*.
>
> **6.** Combien de bois en 37 tas de $12^{st},68$?
>
> **7.** J'achète $3^{Dst},287$ d'un certain bois ; $24^{st},26$ d'un autre ; $149^{dst},8$ d'un troisième. Combien de *stères* en tout?

193. — Mesures effectives pour le bois de chauffage.

Les *mesures effectives* pour le bois de chauffage sont : le *stère*, le *double-stère*, le *demi-stère*.

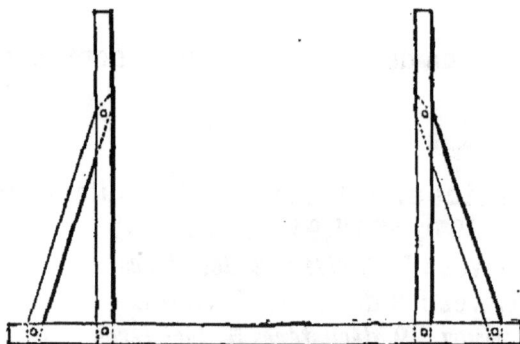

Fig. 11.

Le *stère* est un cadre en bois formé d'une *sole*, à laquelle sont fixés des *montants* comme on le voit sur la figure ci-dessus.

La *distance* des montants est de 1^m; leur *hauteur* est variable : elle serait de 1^m si les *bûches* avaient juste 1^m de long ; comme les *bûches* sont plus longues, les *montants* sont moins hauts.

Pour *mesurer* le bois, on *empile* les *bûches* entre les montants jusqu'à ce qu'elles arrivent à la *hauteur* de ceux-ci.

Souvent, au lieu de *mesurer* le bois de chauffage, on le *pèse*.

Exercices. — 1. Combien 125^{mc} font-ils de *décastères*?

2. Exprimez en *décastères*, puis en *stères*, puis en *décistères* un volume de 1329^{mc}.

3. Combien de *décimètres cubes* dans un tas de bois de 2st,628 ?

4. Combien de *décamètres cubes* dans un tas de bois de 3 825st,7 ?

5. Un marchand de bois en avait 3 628st,34. Il en a vendu 11^{Dst},8. Combien lui en reste-t-il?

6. Pour 29^f,55, j'ai acheté 1st,75 d'un certain bois. A combien me revient le *stère*?

7. Je brûle, dans les 6 mois où je fais du feu, 12st,827. Combien de *stères* en un mois?

---

194. — Mesures de capacité.

Les **mesures de capacité** sont celles qui servent à mesurer les *liquides* et les *grains*.

Pour les *capacités*, l'unité principale est le **litre**.

Le *litre* n'est autre chose que le *décimètre cube*, c'est-à-dire qu'un cube dont l'arête est d'un décimètre.

Le *litre* est le *millième* du mètre cube.

Exercices.—1. Additionnez: 3 129^l,8 et 15 632^l,09.

2. Retranchez : 5 629^l,7 de 6 000^l.

3. Quel est le *triple* de 327^l,9?

4. Quel est le *tiers* de 4 926^l,16?

5. Combien avec 27 963^l peut-on remplir de bonbonnes de 9^l chacune ?

6. Combien valent 6 928^l,37 d'un certain liquide, qui coûte 3^f,76 le *litre*?

7. Ces 229^l de vin coûtent 155^f,25. A combien revient le *litre* de ce vin?

─────────

195. — Les multiples et les sous-multiples du litre.

Les *multiples du litre* sont :

Le décalitre	(Dl)	qui vaut	**dix** *litres;*
L'hectolitre	(Hl)	—	**cent** *litres;*
Le **kilolitre**	(Kl)	—	**mille** *litres;*
Le **myrialitre**	(Ml)	—	**dix mille** *litres.*

Le *kilolitre* est juste égal au *mètre cube.*

Les *sous-multiples du litre* sont :

Le **décilitre**	(dl)	*qui est*	le **dixième** du *litre;*
Le **centilitre**	(cl)	—	le **centième** du *litre;*
Le **millilitre**	(ml)	—	le **millième** du *litre.*

Le *millilitre* est juste égal au *centimètre cube.*

Tous ces *multiples* et *sous-multiples* du litre sont de **dix** en **dix** fois *plus grands* ou *plus petits.*

Exercices. — 1. Combien 325^{cl},28 font-ils de *millilitres?*

2. Combien 1 428^{dl},07 font-ils de *centilitres*, puis de *millilitres?*

3. Combien 4 829^l,39 font-ils de *décilitres*, puis de *centilitres*, puis de *millilitres?*

4. Combien 327^{Dl},12 font-ils d'*hectolitres*, puis de *décalitres*, puis de *litres?*

5. Combien 15 772^{Hl},18 font-ils de *kilolitres?*

6. Combien 49^{Kl},225 font-ils de *myrialitres?*

7. Combien y a-t-il d'*hectolitres* de blé dans un tas de blé de 2 728 645^l?

─────────

196. — Sur les capacités écrites en chiffres

Dans les *capacités* écrites en chiffres, les *multiples*

du litre sont à *gauche* du chiffre des *litres* ; les *sous-multiples* sont à *droite*.

Ces multiples et sous-multiples se succèdent de *chiffre* en *chiffre*, parce qu'ils sont de *dix* en *dix* fois plus grands ou plus petits.

On voit ce mode de succession sur le nombre ci-contre :

$$7\,4\,2\,5\,1^{l},3\,2\,9\,8$$

Myrialitres / Kilolitres / Hectolitres / Décalitres / litres / décilitres / centilitres / millilitres

Exercices. — 1. Marquez les unités de capacité sur 3^{Ml},827 ; 126^{Hl}, 953 ; 13804^{dl},21 ; 637 816^{ml},8.

2. Ecrivez : 3 *décalitres* 5 *millilitres*.

3. Ecrivez : 17 *hectolitres* 18 *centilitres*.

4. Ecrivez : 9 *kilolitres* 5 *décilitres*.

5. Ecrivez : 1 *myrialitre* 26 *litres*.

6. Ecrivez : 0 *centilitre* 7 *millilitres*.

7. Ecrivez : 14 *décilitres* 8 *millilitres*.

197. — Du changement d'unité.

Pour *changer d'unité*, on met la *virgule* à la *droite* du chiffre qui correspond à la *nouvelle unité*.

Soit 358^{l},27 à exprimer en *décalitres*. On met la *virgule* après le chiffre des *décalitres*, et l'on écrit 35^{Dl},827.

Les capacités considérées dans une *même question* doivent être exprimées *toutes* à l'aide de la *même unité*.

Exercices. — 1. Exprimez 38^{ml},7 en *litres*.

2. Exprimez : 195^{cl},29 en *décilitres*.

3. Exprimez : 3^{l}829 en *centilitres*.

4. Exprimez : 0^{Ml},1 237 en *hectolitres*.

5. Exprimez en *millilitres* les capacités suivantes : 3 624^{dl},835 ; 4576^{Dl},9 ; 75^{Kl},897 ; 3^{Ml},1.

6. Exprimez en *décalitres* les capacités suivantes : 54775^{ml},6 ; 401^{l},81 ; 43^{Hl},648 ; 6^{Ml},31585.

7. Exprimez en *kilolitres* les capacités suivantes : 19 434^{ml},9 ; 1 007^{cl},75 ; 112^{Dl},826 ; 7^{Kl},8625.

198. — Mesures effectives de capacité.

Les *mesures effectives de capacité* sont :
Le *centilitre* et le *double-centilitre*;
Le *demi-décilitre*, le *décilitre* et le *double-décilitre* ;
Le *demi-litre*, le *litre* et le *double-litre*;
Le *demi-décalitre*, le *décalitre* et le *double-déca-litre*;
Le *demi-hectolitre* et l'*hectolitre*.

Parmi ces mesures, certaines sont en *étain*, d'autres en *fer-blanc*, d'autres en *tôle* ou en *cuivre*, d'autres en *bois*.

Les mesures en *étain* servent pour le vin et les spiritueux vendus en détail (*fig*. 12).

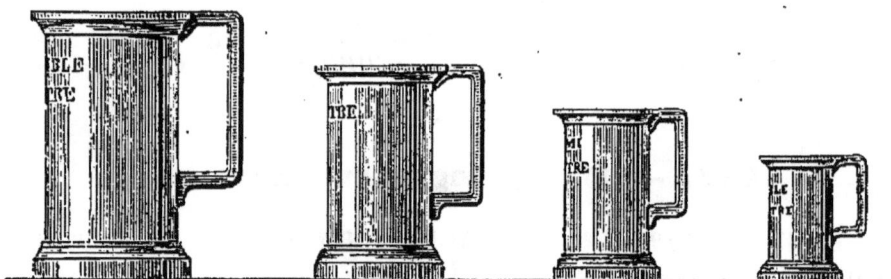

Fig. 12.

Les mesures en *tôle* ou en *cuivre* servent pour le vin et les spiritueux vendus en gros (*fig*. 13).

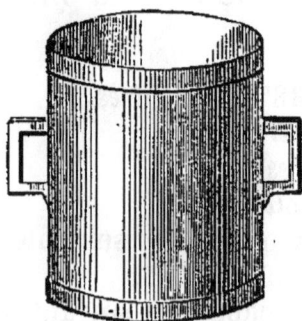

Fig. 13.

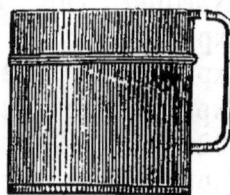

Fig. 14.

Les mesures en *fer-blanc* servent surtout pour le lait (*fig*. 14).

Les mesures en *bois* servent pour les matières sèches : grains, marrons, pommes de terre, etc.. etc. (*fig.* 15).

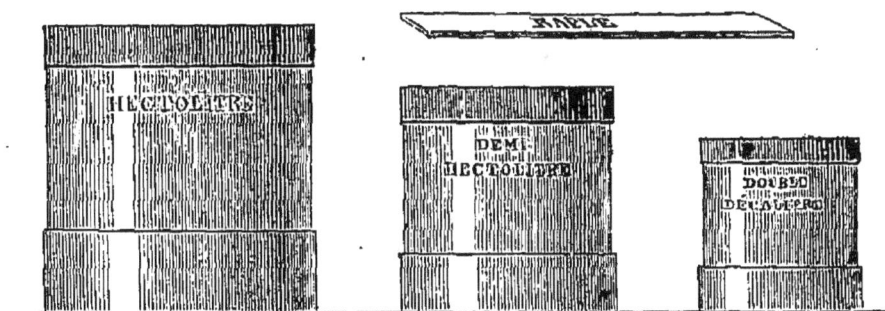

Fig. 15.

Exercices. — 1. Combien $113^{Hl},285$ font-ils de *litres?*

2. On a $3625^{Dl},8$ de fèves. On en vend 285^{Hl}. Combien en reste-t-il?

3. En 1878, il est entré dans Paris $442900^{Kl},488$ de vins en cercles et $2232^{Kl},484$ de vins en bouteilles. Combien d'*hectolitres* en tout?

4. Il entre dans Paris $36695^{Hl},81$ de vinaigre en 1 an, c'est-à-dire en 12 mois. Combien de *litres* par mois?

5. Combien y a-t-il de litres d'avoine dans un tas d'avoine de $235^{Hl},28$?

6. Un tonneau contient 219^l de vin. Combien fournira-t-il de bouteilles de $0^l,853$?

7. Une futaille contient $3^{Hl},25$. On en tire 136^l. Combien en contient-elle encore?

---

199. — Comment on mesure les capacités.

Pour mesurer un *litre* de vin, on remplit complètement de vin la mesure appelée *litre*.

Pour mesurer la *capacité* d'un vase vide, on y verse des *litres* d'eau, et l'on compte *combien* il en faut pour le remplir.

On évalue aussi la *capacité* d'un vase, en *mesurant* certaines *lignes*, comme la *géométrie* enseigne à le faire.

Exercices. — 1. Additionnez : 2^{Hl} ; 3^l ; 5^{cl}.

2. Retranchez : $327^{dl},5$ de $45^l,850$.

3. Quel est le *double* de $2\,648^l,7$?

4. Quelle est la *moitié* de $3\,968^{dl},9$?

5. Voici 437 fûts contenant chacun 108^l de vinaigre. Combien en contiennent-ils ensemble ?

6. Un réservoir renfermait $6\,812^{Hl}$ d'eau. On en tire $41\,267^l$. Qu'y reste-t-il ?

7. Une fontaine donne $3^{Hl},257$ d'eau en 9^h. Combien donne-t-elle de *litres* par heure ?

CHAPITRE IV

LES POIDS

200. — Le gramme.

Pour les *poids*, l'unité principale est le **gramme**.

Le *gramme* est le poids d'un *centimètre cube* d'eau.

Exercices. — 1. Additionnez : $38^g,5$; $59^g,3$; 14^g.

2. Retranchez : $341^g,28$ de 1000^g.

3. Prenez le *triple* de $418^g,05$.

4. Prenez le *quart* de $745^g,036$.

5. Un flacon a une capacité de $337^{cmc},8$. On le remplit d'eau. Dites le *poids* de cette eau ?

6. L'eau qui remplit un verre *pèse* $162^g,9$. Quelle est la capacité de ce verre ?

7. Trois cailloux *pèsent* respectivement $13^g,2$; $26^g,8$; $39^g,7$. Combien *pèsent*-ils ensemble ?

---

201. — Les multiples et les sous-multiples du gramme.

Les *multiples du gramme* sont :

Le **décagramme** (Dg)	qui vaut	**dix** *grammes* ;
L'**hectogramme** (Hg)	—	**cent** *grammes* ;
Le **kilogramme** (Kg)	—	**mille** *grammes* ;
Le **myriagramme** (Mg)	—	**dix mille** *grammes*.

Il y a encore *deux* autres *multiples* : .

Le **quintal métrique** qui vaut **cent** *kilogrammes;*

La **tonne** ou **tonneau** — **mille** *kilogrammes.*

Les *sous-multiples* sont :

Le **décigramme** (dg) qui est le **dixième** du *gramme;*

Le **centigramme** (cg) qui est le **centième** du *gramme;*

Le **milligramme** (mg) qui est le **millième** du *gramme.*

Tous ces *multiples* et *sous-multiples* sont de **dix** en **dix** fois *plus grands* ou *plus petits.*

> **Exercices.** — 1. Combien 867^g,5 font-ils de *centigrammes?*
>
> 2. Combien 647^g,9 font-ils de *kilogrammes?*
> 3. Combien 16^{cg},83 font-ils de *milligrammes?*
> 4. Combien 394^{cg},7 font-ils de *décigrammes?*
> 5. Combien 46^{Kg},827 font-ils d'*hectogrammes?*
> 6. Combien 156^{Kg},12 font-ils de *myriagrammes?*
> 7. Le charbon de terre, mis en cave, coûte 26^f les 500^{Kg}. A combien revient le *kilogramme?*

---

202. — Sur les poids écrits en chiffres.

Dans les *poids* écrits en chiffres, les *multiples du gramme* sont à *gauche* du chiffre des *grammes;* les *sous-multiples* sont à *droite.*

Ces multiples et sous-multiples se succèdent de *chiffre* en *chiffre*, parce qu'ils sont de *dix* en *dix* fois plus grands ou plus petits.

On voit ce mode de succession sur le nombre ci-contre :

4863247^g,0972
Myriagr. Kilogr. Hectogr. Décagr. grammes décigr. centigr. milligr.

> **Exercices.** — 1. Marquez les différentes unités de poids sur 5^{Mg},978; 468^{Hg},9; 49005^{dg}; 76623^{mg},38.

2. Ecrivez : 3 *décagrammes* 6 *décigrammes*.

3. Ecrivez : 8 *hectogrammes* 35 *centigrammes*.

4. Ecrivez : 9 *kilogrammes* 74 *grammes*.

5. Ecrivez : 1 *myriagramme* 2 *milligrammes*.

6. Mille *kilogrammes* de bois coûtent 51^f. Combien en a-t-on de *kilogrammes* pour 1^f ?

7. Il est sorti des abattoirs de Paris, en 1878, 116 971 371^{Kg} de viande de boucherie, et 14 880 091^{Kg} de viande de porc. Faites la différence.

---

203. — Du changement d'unité.

Pour *changer d'unité*, on met la *virgule* à la *droite* du chiffre qui correspond à la *nouvelle unité*.

Soit 419^g,827 à exprimer en *décigrammes*. On met la *virgule* après le chiffre des *décigrammes*, et l'on écrit 4198^{dg},25.

Les poids considérés dans une *même question* doivent être exprimés *tous* à l'aide de la *même unité*.

Exercices. — 1. Exprimez 3 827^{dg},7 en *grammes*.

2. Exprimez 4 827^{cg},6 en *décigrammes*.

3. Exprimez 349^{Hg},13 en *kilogrammes*.

4. Exprimez 27^{Kg},11 en *myriagrammes*.

5. Exprimez en *décigrammes* les poids suivants : 61 430^{mg},9 ; 1 742^{Dg},98 ; 960^{cg},12 ; 1 131^{Hg},92.

6. Exprimez en *décagrammes* les poids suivants : 62^g,737 ; 44 623^{mg},9 ; 143^{Hg},726 ; 363^{cg},64.

7. Exprimez en *hectogrammes* les poids suivants : 350^{Kg},39 ; 53^{dg},232 ; 26^{Mg},8361 ; 388^g,243.

---

204. — Les mesures effectives de poids.

Pour les *poids*, les *mesures effectives* sont au nombre de vingt-quatre. La plus petite est le *milligramme* ; la plus grande est le *demi-quintal métrique*.

Il y a des poids en *fonte de fer* (*fig.* 16 et 17).

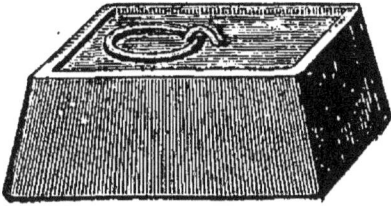
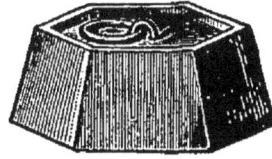

Fig. 16.   Fig. 17.

Il y a des poids en *cuivre*, de l'une ou de l'autre des deux formes ci-dessous (*fig.* 18 et 19).

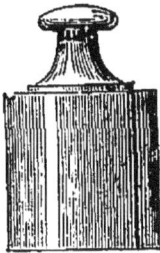

Fig. 18.   Fig. 19.

Il y a enfin des poids très faibles, qui ont la forme de plaques très minces, et qui sont en *cuivre*, en *argent* ou en *platine* (*fig.* 20).

Fig. 20.

On donne souvent le nom de **livre** au *demi-kilogramme*.

Exercices. — **1.** Combien de *livres* dans 376^{Kg}?
2. Combien de *grammes* dans un *quintal*?
3. Combien d'*hectogrammes* dans un *quintal*?
4. Combien de *grammes* dans une *tonne*?
5. Combien d'*hectogrammes* dans une *tonne*?
6. Ce lingot pèse 3^{Mg},8276, et cet autre 26^{Hg},4. Combien de *grammes* pèsent-ils ensemble?

7. L'obélisque de la place de la Concorde, à Paris, est un bloc de granit dont le volume est de 84^{mc}. Le *mètre cube* de granit pèse 2750^{Kg}. Trouvez le poids de cet obélisque.

---

205. — Comment on pèse.

On *pèse* les corps à l'aide de la **balance**.

La *balance* se compose d'une barre ou *fléau*, mobile autour d'un *couteau*, et portant deux *plateaux* à ses extrémités (*fig.* 21).

Fig. 21.

Pour *peser* un corps, on le met dans l'un des *plateaux*, et, dans l'autre, on met des *poids marqués*, jusqu'à ce que l'*équilibre* s'établisse.

On *pèse* un *liquide* dans le vase qui le contient ; mais, pour avoir le poids du liquide seul, il faut, du poids trouvé, *retrancher* le poids du vase.

Exercices. — 1. Exprimez $3^{Kg},7$ en *décigrammes*.

2. Exprimez $325\,668^{dc},9$ en *kilogrammes*.

3. Un vase plein d'huile pèse $1^{Kg},52$. Le vase seul pèse 558^g. Dites le poids de l'huile.

4. Du seigle coûte 16^f les 100^{Kg}. A combien revient le kilogramme?

5. Dans une *livre* de bougies, il y en a 8. Calculez le poids d'une bougie.

6. Ce charbon pèse 1 321^{Kg} le *mètre cube*. Combien de grammes pèse le *décimètre cube*?

7. Un bloc de marbre pèse 3267^{Kg},6. Le *décimètre cube* du même marbre pèse 2^{Kg},69. Dites le volume de ce bloc.

***

206. — Du poids de l'eau.

Un *centimètre cube* d'eau pèse un *gramme*.

Un *décimètre cube* d'eau ou un *litre* pèse un *kilogramme*.

Un *mètre cube* d'eau pèse *mille kilogrammes*, c'est-à-dire une *tonne*.

Exercices. — 1. Que pèsent 23^{cl},7 d'eau?

2. Que pèsent 326^{l},9 d'eau?

3. Quel est le volume occupé par 25^{Kg} d'eau?

4. Quel est le volume occupé par 13^{Mg} d'eau?

5. Un arrosoir a une capacité de 12^{l},258. Vide, il pèse 2^{Kg},6. Que pèse-t-il plein d'eau?

6. Une poutre en chêne pèse 1 521^{Kg}. Le *mètre cube* de ce bois pèse 1 170^{Kg}. Calculez le volume de cette poutre?

7. Le *décimètre cube* de cet acier pèse 7^{Kg},717. Combien de *kilogrammes* pèseraient 0^{mc},81 956?

***

CHAPITRE V

LES MONNAIES

—

207. — Le franc.

L'unité de monnaie est le **franc**.

Le *franc* est une pièce d'*argent* qui pèse 5 *grammes*

Exercices. — 1. Que pèsent 235^{f} en argent?

2. Que pèsent 0^{f},25 en argent?

3. Que valent 3 625^{g} d'argent?

4. Que valent 428^{g} d'argent?

5. Un banquier a reçu aujourd'hui 325 674^f,25 et payé 297 867^f,90. De combien son *encaisse* s'est-il augmenté?

6. Du blé coûte 30^f,35 le *quintal métrique*. Combien faudrait-il débourser pour en acheter 956 400^{Kg}?

7. La *caisse de retraites* pour la vieillesse a reçu en 15 jours 971 188^f,25. Combien par jour, en *moyenne*?

208. — Les multiples et les sous-multiples du franc.

Il existe des *multiples* du franc, mais ils n'ont pas de noms particuliers.

Il existe deux *sous-multiples :*

Le **décime** qui est le **dixième** du *franc;*

Le **centime** qui est le **centième** du *franc.*

On remplace d'ordinaire le mot *décime* par la locution *dix centimes.*

Exercices. — 1. Combien 3 927^f,5 font-ils de *centimes?*

2. Combien 169 293 *centimes* font-ils de *francs?*

3. Combien 4 605^f,3 font-ils de *décimes?*

4. Combien 28 640 *décimes* font-ils de *francs?*

5. Combien coûtent 25^m de corde, à raison de 0^f,07 le *mètre?*

6. Un négociant achète 3 926 *quintaux* de seigle et les revend en gagnant 0^f,56 par *quintal*. Quel est son bénéfice?

7. Un dessinateur reçoit 16^f,30 pour une journée de 9^h. Combien reçoit-il pour chaque heure de travail?

209. — Sur les sommes d'argent écrites en chiffres.

Dans une *somme d'argent* écrite en chiffres, les *décimes* et les *centimes* sont à la *droite* du chiffre des *francs.*

C'est ce qu'on voit sur le nombre ci-contre :

3^f,45 francs décimes centimes

Pour exprimer une somme en *centimes*, on met la *virgule* après le chiffre des *centimes*.

Exercices. — 1. Ecrivez 2 628 *francs* 56 *centimes;* 348 *francs* 12 *centimes.*

2. Ecrivez : 3 millions de *francs* 2 *centimes ;* 42 *francs* 1 *centime.*

3. Exprimez en *centimes* : 2ᶠ,05; 3ᶠ,28.

4. Exprimez en *francs* : 43 827 695 *centimes.*

5. Ecrivez : 13 *francs* 3 *centimes.*

6. Ecrivez : 156 *francs* 5 *centimes.*

7. Il y a 2 715ᴷᵐ de Paris à Saint-Pétersbourg. Pour faire ce voyage, on paie, en première classe, 322ᶠ. Combien paie-t-on par *kilomètre?*

210. — Les pièces de monnaie.

Les *pièces* de monnaie ont la *forme ronde*. Sur l'une de leurs faces est inscrite leur *valeur*.

Les *pièces françaises* sont de trois *sortes :* les pièces de *bronze*, les pièces d'*argent* et les pièces d'*or*.

Exercices. — 1. Additionnez : 1 326ᶠ,30 et 9ᶠ,85.

2. Retranchez : 3 627ᶠ,48 de 4 000ᶠ,50.

3. Quel est le *quintuple* de 827ᶠ,16?

4. Quel est le *cinquième* de 6 725ᶠ,8 ?

5. Un terrain a 2 569ᴰᵐᑫ,8. On le vend à raison de 0ᶠ,32 le *mètre carré*. Combien le vend-on ?

6. Trois chevaux ont été payés : 1 245ᶠ,30; 1 758ᶠ,45 et 1 913ᶠ,95. Combien a-t-on déboursé?

7. Du vin coûte 0ᶠ,54 le *litre*. On en achète pour 450ᶠ. Combien en reçoit-on de *litres?*

211. — Les monnaies de bronze.

Les *monnaies de bronze* sont :

La pièce de 1 *centime,* qui pèse 1 *gramme;*
La pièce de 2 *centimes,* qui pèse 2 —
La pièce de 5 *centimes* (le *sou*), qui pèse 5 —
La pièce de 10 *centimes,* qui pèse 10 —

Le *gramme* de *bronze monnayé* vaut juste 1 *centime*.

Dans 100^g de *bronze monnayé*, il y a : 95^g de *cuivre*, 4^g d'*étain*, 1^g de *zinc*.

Exercices. — 1. Combien pèsent 0^f,85 en bronze ?

2. Combien pèsent 3,25 en bronze ?

3. Combien de pièces de 0^f,02 pour faire 3^f ?

4. Combien de *sous* pour faire 0^f,85 ?

5. Quelle somme font 1 000 *sous* ?

6. Combien pèsent 200 *sous* ?

7. L'année a 365 jours. En ne fumant pas, j'économise 3 *sous* par jour. Combien par an ?

---

212. — Les monnaies d'argent.

Les *monnaies d'argent* sont :

La pièce de 0^f,20 qui pèse 1^g ;

La pièce de 0^f,50 — 2^g,5 ;

La pièce de 1^f — 5^g ;

La pièce de 2^f — 10^g ;

La pièce de 5^f — 25^g.

Le *gramme d'argent monnayé* vaut juste 20 *centimes*.

Les pièces de 5^f sont formées d'un *alliage d'argent* et de *cuivre*. Sur 1 000^g de cet *alliage*, il y a 900^g d'argent pur, et 100^g de *cuivre*.

Les autres pièces d'argent sont formées aussi d'un *alliage d'argent* et de *cuivre*. Sur 1 000^g de ce *nouvel alliage*, il y a 835^g d'*argent pur* et 165^g de *cuivre*.

Exercices. — 1. Que pèsent 1 000^f en *argent monnayé* ?

2. Que valent 6 976^g d'*argent monnayé* ?

3. Que valent 13^{Kg},5 de sucre à 1^f,15 le *kilogramme* ?

4. Que valent 9^{Kg},7 de raisin à 1^f,25 le *kilogramme* ?

5. Que valent 1 561^{Kg} d'avoine grise à 0^f,185 le *kilogramme* ?

6. Ces jours-ci 12 222 personnes ont versé 1 250 328^f à la *caisse d'épargne*. Calculez le versement *moyen* de chaque personne ?

7. Il y a 52 semaines dans l'année. Cet ouvrier, en ne travaillant pas le lundi, perd 4^f,35 par semaine. Combien par an?

---

213. — Les monnaies d'or.

Les *monnaies d'or* sont :

La pièce de 5^f qui pèse 1^g,612;
La pièce de 10^f — 3^g,225;
La pièce de 20^f — 6^g,451;
La pièce de 50^f — 16^g,129;
La pièce de 100^f — 32^g,258.

Le *gramme* d'or *monnayé* vaut juste 3^f,10.

Les pièces d'or sont formées d'un *alliage* d'or et de cuivre. Sur 1000^g de cet *alliage*, il y a 900^g d'*or pur* et 100^g de *cuivre*.

Exercices.— **1.** Que pèse un *million* en or *monnayé*?

2. Que vaut le *kilogramme d'or monnayé?*

3. Un employé gagne 1900^f en un an, c'est-à-dire en 365 jours. Combien gagne-t-il en un jour?

4. On payait autrefois 5 *centimes* par personne pour passer sur un pont. Que recevait le préposé le jour où il passait 1240 personnes?

5. Une bibliothèque contient 3525 volumes qui ont coûté tous ensemble 10575^f. Quel est le prix moyen d'un volume?

6. Pendant les cinq premiers mois de 1882, la France a *importé* pour 2007900000^f. Combien par mois, en moyenne?

7. Pendant ces mêmes cinq premiers mois, la France a *exporté* pour 1451637000^f. Combien par mois, en moyenne?

---

214. — Les billets de banque.

Un **billet de banque** est un billet, émis par la *Banque de France*, et portant l'indication d'une certaine *somme*.

Il suffit de présenter ce *billet* à la *Banque de France* pour en recevoir la *valeur* en *or* ou en *argent*.

Il y a des *billets de banque* de 20ᶠ, de 50ᶠ, de 100ᶠ, de 200ᶠ, de 500ᶠ et de 1 000ᶠ.

Exercices. — 1. Combien faudrait-il de *billets de banque* de 50ᶠ pour payer 2 837 900ᶠ?

2. Un *centimètre cube* de l'*alliage* des pièces d'*argent* de 5ᶠ pèse 10ᵍ,121. Que vaut un *décimètre cube* de cet *alliage*?

3. Quelle est la valeur d'un tas de 5 427 *quintaux métriques* de seigle? On sait que 100ᴷᵍ de seigle valent 16ᶠ,15.

4. Du vin, rendu en cave, à Paris, coûte 208ᶠ,35 les 228ˡ. A combien revient le *litre*?

5. Un tapis couvre une surface de 8ᵐᵠ,75 et coûte 115ᶠ. Quel est le prix du *mètre carré*?

6. En 615ʰ un ouvrier a gagné 4 260ᶠ. Combien lui paie-t-on l'*heure* de son travail?

7. En une semaine, le chemin de fer du Nord a fait, sur un réseau de 1 359ᴷᵐ, une recette de 2 568 183ᶠ. Combien par *kilomètre*?

LIVRE V

NOTIONS DE GÉOMÉTRIE

CHAPITRE PREMIER

LES LIGNES ET LES ANGLES

215. — Les lignes.

Un *fil* bien tendu nous donne l'idée de la **ligne droite**.

Une **ligne brisée** est composée de *lignes droites*.

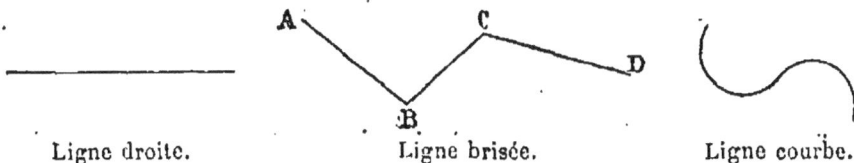

Ligne droite.   Ligne brisée.   Ligne courbe.

Une **ligne** est **courbe** lorsqu'elle n'est ni *droite* ni *brisée*.

La droite AB est le *plus court chemin* pour aller du point A au point B.

On trace la *ligne droite* à l'aide de la *règle*.

Exercices. — 1. Les portions d'une *ligne brisée* ont pour longueurs $3^m,15$; 75^{cm} ; $8^{dm},2$. Dites la longueur totale.

2. Un champ a une étendue de $13^{Ha},87$. Trouvez une étendue 13 fois plus grande.

3. D'un *stère* de bois on enlève $8^{dst},7$. Que reste-t-il ?

4. Une tasse contient 87^g d'eau. Dites sa capacité.

5. Exprimez $3^{mc},26$ en *décimètres cubes*.

6. On verse dans 5 verres $0^l,986$ de vin. Que contient chaque verre ?

7. Que pèsent 35^f en monnaie d'or.

216. — Les angles, les perpendiculaires.

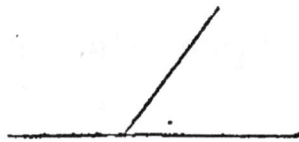

On appelle **angle** la figure formée par *deux droites* qui partent d'un *même point*.

Angle.

Le point d'où partent les droites est le *sommet* de l'angle; les droites elles-mêmes en sont les *côtés*.

La *grandeur* d'un angle ne dépend pas de la longueur de ses côtés : elle dépend seulement de leur *écartement*.

Lorsqu'une *droite* forme avec une autre deux *angles égaux*, cette droite est **perpendiculaire** sur l'autre.

Lorsqu'une *droite* forme avec une autre deux *angles inégaux*, cette droite est **oblique** sur l'autre.

Perpendiculaire.   Oblique.

La *perpendiculaire* OP abaissée d'un point O sur une droite AB est la *plus courte ligne* que l'on puisse mener de ce point à cette droite.

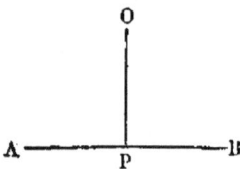

Exercices. — 1. Additionnez 13,75; 4,628; 9,04.

2. On partage entre 7 héritiers un domaine de 1 428^{Ha},35. Que reçoit chacun d'eux?

3. *Cent trois* colis pèsent chacun 42^{Kg},27. Trouvez le poids total.

4. Combien de francs font un *million* de sous?

5. Une fontaine verse 3^l,7 en 1^m. Combien en 1^j?

6. Pour payer 18^f,25, je donne un billet de banque de 50^f. Que doit-on me rendre?

7. D'un *décamètre cube* de terre on enlève 137^{mc}. Combien en reste-t-il?

217. — Angle droit, aigu, obtus.

On appelle **angle droit** un angle dont un côté est *perpendiculaire* sur l'autre.

Tous les *angles droits* sont *égaux*.

Un angle est **aigu**, s'il est plus petit qu'un angle *droit;* **obtus,** s'il est plus grand.

 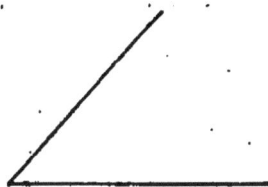 

Angle droit.　　　　　Angle aigu.　　　　　Angle obtus.

Les *angles droits* et les *perpendiculaires* se tracent à l'aide de l'*équerre.*

L'*équerre* est une planchette qui a trois côtés, dont deux forment un *angle droit.*

Exercices. — 1. Il y a 491^{Km} de Paris à Cologne. Combien de lieues ?

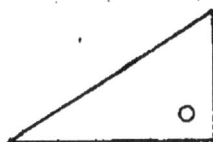

,Équerre.

2. Cherchez, à moins de 0,01, le quotient de 0,6 par 0,07.

3. On a besoin de 827^{md} de terrain. On n'en possède que 3^{Dq},6. Combien en manque-t-il ?

4. Un vase vide pèse 3^{Kg},2. Que pèse-t-il quand il contient 127^{Hg} d'huile ?

5. Combien fait-on de mètres en parcourant le *quart* d'une route de 67 948^m ?

6. Un propriétaire possède 8 champs de 3^{Ha},27 chacun. Dites l'étendue totale.

7. Combien faut-il de vin pour remplir *trois* bouteilles contenant 1^l,215 ; 9^{dl},27 ; 97^{cl},8 ?

218. — Les parallèles.

Deux **droites** sont **parallèles** lorsque, tracées sur un même dessin, elles ne peuvent *jamais se rencontrer.*

Deux *droites parallèles* sont partout à la même *distance* l'une de l'autre. Cette distance est mesurée par leur *perpendiculaire commune*.

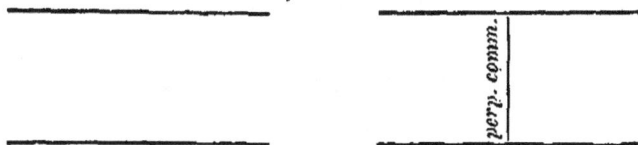

Droites parallèles.

On trace les *parallèles* à l'aide de la *règle* et de l'*équerre*.

Exercices. — 1. Multipliez 0,02 par 0,007.

2. Exprimez en *litres* 3^{mc},28.

3. Je brûle 3st,14 de bois en 5 mois. Combien par mois ?

4. Combien de cuivre dans 1^{Kg} de monnaie de bronze ?

5. *Trois cent sept* volumes coûtent chacun 3^{f},35. Dites le prix total.

6. Combien de *mètres carrés* dans 13^{Ha},257 ?

7. *Deux cent vingt-une* caisses pèsent ensemble 10523^{Kg}. Quel est le poids moyen d'une caisse.

CHAPITRE II

LES POLYGONES ET LE CERCLE

—

219. — Les polygones et le cercle.

Un **polygone** n'est autre chose qu'une *ligne brisée fermée*.

Les portions de droites qui forment cette ligne brisée sont les *côtés* du polygone.

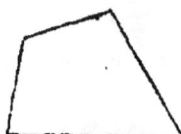

Triangle.   Quadrilatère.   Pentagone.

Un *polygone* de 3 côtés s'appelle un **triangle**.

Un *polygone* de 4 côtés est un **quadrilatère.**

Un *polygone* de 5 côtés est un **pentagone** ; etc.

Un *polygone* est *régulier* lorsqu'il a tous ses *côtés* et tous ses *angles égaux.* Le *carré* est un *polygone régulier.*

Exercices. — 1. Un cheval doit parcourir 123^{Km}. Il a déjà parcouru $4503^{Dm},5$. Quel chemin lui reste-t-il à faire ?

2. *Trois* terrains ont pour étendues $426^{mq},7$; $5^{Dmq},8$; 36275^{dmq}. Trouvez l'étendue totale.

3. Que contiennent ensemble 23 réservoirs de $258^{mc},7$?

4. Que reste-t-il dans un tonneau de 228^{l} quand on en a tiré 758^{dl} ?

5. Combien de *décimètres cubes* dans $38^{st},27$?

6. Combien d'*hectogrammes* dans 37^{Q} ?

7. J'ai gagné 3200^{f} et dépensé $2687^{f},25$. Qu'ai-je économisé ?

_____

220. — Aire du parallélogramme.

On appelle **parallélogramme** un *quadrilatère* qui a ses côtés *parallèles* deux à deux.

Le *rectangle* n'est qu'un parallélogramme qui a ses 4 *angles droits.* Le *carré* n'est qu'un parallélogramme qui a, en même temps, ses 4 *angles droits* et ses 4 *côtés égaux.*

Parallélogramme.

On appelle **base** d'un *parallélogramme* l'un quelconque de ses *côtés.*

La **hauteur** est la *perpendiculaire* qui va de la base au côté opposé.

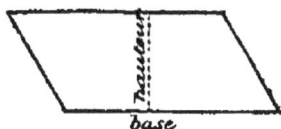

Pour évaluer l'**aire** d'un *parallélogramme*, on multiplie sa *base* par sa *hauteur*, c-à-d qu'on fait le produit des nombres qu'on obtient en mesurant ces deux lignes.

Supposons la *base* de 21^{m} et la *hauteur* de 9^{m}. L'*aire* sera 21×9, c-à-d 189^{mq}.

Exercices. — 1. La base d'un *parallélogramme* est de 9^{m} et sa hauteur de 4^{m}. Quelle est sa surface ?

2. Les deux dimensions d'un *rectangle* sont 25^{cm},2 et 35^{cm},3. Trouvez sa surface.

3. Une cour *carrée* a 12^{m},7 de côté. Quelle est son étendue ?

4. La surface d'un *parallélogramme* est de 37^{Dmq},23 ; la base est de 98^{m}. Trouvez la hauteur.

5. Une feuille de papier *rectangulaire* a une surface de 4^{dmq},14. Sa largeur est de 18^{cm}. Trouvez sa longueur.

6. Un train de chemin de fer parcourt 31^{Km} en 1^{h}. Combien en 5^{h} ?

7. Dites le volume de 7^{Kg},8 d'eau.

---

221. — Aire du triangle.

On appelle **base** d'un *triangle* l'un quelconque de ses *côtés*.

La **hauteur** est la *perpendiculaire* qui mesure la distance de la base au sommet opposé.

Si le triangle est *rectangle*, c-à-d a un *angle droit*, et qu'on prenne l'un des côtés de cet angle pour *base*, l'autre sera la *hauteur*.

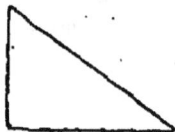

Triangle rectangle.

Pour évaluer l'**aire** d'un *triangle,* on multiplie sa *base* par la *moitié* de sa *hauteur*.

Supposons la *base* de 17^{m} et la *hauteur* de 12^{m}. L'*aire* sera 17 × 6, c-à-d 102^{mq}.

Pour évaluer la *surface* d'un *polygone* quelconque, on le partage en *triangles*.

Exercices. — 1. Trouvez l'aire d'un *triangle* dont la base est de 6^{m} et la hauteur de 4^{m}.

2. Dans un *triangle rectangle*, les deux côtés de l'angle droit sont de 7^{m} et 8^{m}. Quelle est la surface ?

3. La surface d'un *triangle* est de 28^{mq} ; la base est de 7^{m}. Quelle est la hauteur ?

4. L'aire d'un *triangle rectangle* est de 328^{mq},76. L'un des côtés de l'angle droit est 85^{m}. Quel est l'autre ?

5. Quel poids d'argent pur dans 64 pièces de 5^f?

6. Un tonneau plein de vin pèse 251^{Kg}. Vide, il ne pèse que 3^{Mg},2. Trouvez le poids du vin.

7. On possède 2^{Dmc} de houille. On en fait 7 tas égaux. Combien de mètres cubes dans chaque tas?

---

222. — Aire du trapèze.

On appelle **trapèze** un *quadrilatère* qui a seulement *deux côtés parallèles.*

Les **bases** d'un *trapèze* sont les deux *côtés parallèles.*

. La **hauteur** est la *perpendiculaire commune* aux deux bases.

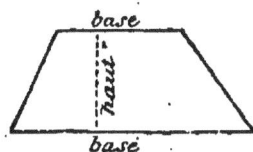

Pour évaluer l'**aire** d'un *trapèze,* on calcule la *demi-somme* de ses *bases,* puis on la multiplie par sa *hauteur.*

Supposons les *bases* de 24^m et 12^m, et la *hauteur* de 9^m. La *demi-somme des bases* sera 18^m, et l'*aire* 18 × 9, c-à-d 162^{mq}.

Exercices. — **1.** Les bases d'un *trapèze* sont de 2^m et 3^m. La hauteur est de 4^m. Trouvez la superficie.

2. Une portion de toit, en forme de *trapèze,* a ses côtés parallèles longs de 8^m et 9^m et distants de 3^m. Quelle est la surface?

3. L'aire d'un *trapèze* est de 42^{mq},7. Sa hauteur est de 6^m. Trouvez la demi-somme de ses bases.

4. Que contiennent ensemble 3 barriques dont les capacités sont 227^l,5 ; 22^{Dl},97 ; 2319^{dl}?

5. Un ménage brûle, en moyenne, 4st,27 de bois par an. Combien en 7 ans?

6. Un terrain a la forme d'un *parallélogramme.* Sa base est de 13^m,7 ; sa hauteur, de 9^m,8. Trouvez sa surface.

7. Que coûtent 3^m,24 de taffetas à 1^f,95 le mètre?

---

223. — La circonférence.

La **circonférence** est une *ligne courbe* dont tous.

les points sont à égales distances d'un point intérieur appelé *centre*.

On trace la *circonférence* à l'aide du *compas*.

On appelle **rayon** une *droite* quelconque qui joint le *centre* à la *circonférence*.

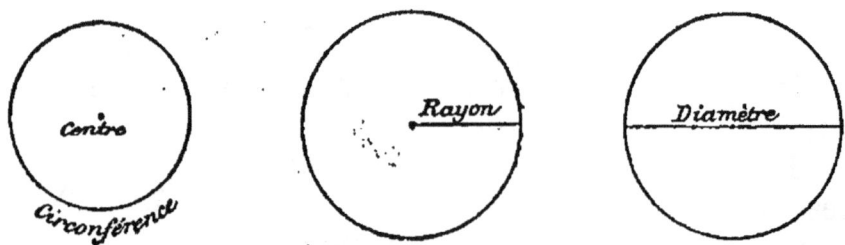

On appelle **diamètre** une *droite* quelconque qui passe par le *centre* et a ses deux extrémités sur la *circonférence*.

Dans une même circonférence, tous les *rayons* sont *égaux*; et il en est de même des *diamètres*.

> **Exercices. — 1.** Un tonneau plein contient 427^{Kg} d'eau. Quelle est sa capacité?
> **2.** Une vigne a la forme d'un *triangle*. La base est de 372^m et la hauteur de 134^m. Trouvez la surface.
> **3.** Combien de billets de 50^f pour payer *un million?*
> **4.** *Deux* tonnes de charbon de Charleroi coûtent 98^f. Dites le prix du *kilogramme*.
> **5.** Exprimez en *décimètres cubes* 0^{Dmc},03728.
> **6.** La pente gazonnée d'un talus a la forme d'un *trapèze* dont les bases ont 25^m et 30^m; la hauteur est de 4^m. Trouvez la surface.
> **7.** A 32^f la barrique de 228^l, combien le litre de cidre?

224. — Longueur de la circonférence.

Pour calculer la **longueur** d'une *circonférence*, on en mesure le *diamètre*, puis on multiplie le résultat obtenu par le nombre **3,1416**.

Supposons que le *diamètre* soit de 5^m; la longueur de la circonférence sera 5^m × 3,1416, c-à-d 15^m,7080.

On désigne ordinairément le nombre 3,1416 par la lettre grecque π, qui se nomme *pi*.

Quand on connaît la *longueur* d'une *circonférence*, il suffit de diviser par π pour obtenir le **diamètre**.

> **Exercices.** — 1. Dites la *longueur* d'une *circonférence* de 17^m,3 de *rayon*.
>
> 2. Une meule de moulin a 0^m,83 de *rayon*. Quelle est sa *circonférence*?
>
> 3. Dites le *diamètre* d'un cirque de 78^m de tour.
>
> 4. Trouvez le *rayon* d'un cerceau qui a 2^m,45 de *circonférence*.
>
> 5. J'ai brûlé : en décembre 0st,93 de bois; en janvier, 1st,17; en février, 0st,49. Combien en tout?
>
> 6. Une salle *carrée* a 11^m,5 de côté. Dites sa surface.
>
> 7. Exprimez en *myriamètres* une distance de 17 lieues.

---

225. — Aire du cercle.

Le **cercle** est la portion du tableau comprise à l'*intérieur* de la *circonférence*.

Pour évaluer l'**aire** d'un *cercle*, on multiplie sa *circonférence* par la *moitié* de son *rayon*.

Soit un *cercle* de 2^m,5 de *rayon*. Sa *circonférence* est de 15^m,708. La *moitié* du *rayon* étant 1^m,25, l'*aire* sera 15,708 ✕ 1,25, c-à-d 19^{mq},6350.

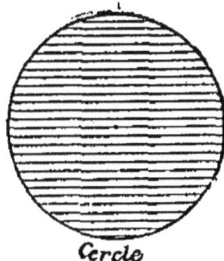

Cercle

> **Exercices.** — 1. Trouvez l'aire d'un *cercle* de 3^m de *rayon*.
>
> 2. Le cadran d'une horloge a 1^{dm},8 de *diamètre*. Quelle en est la surface?
>
> 3. Dites le poids de 6^{mc},327 d'eau.
>
> 4. Un bois *triangulaire* a une étendue de 7^{Ha},86. La base est de 83^{Dm}. Quelle en est la hauteur?
>
> 5. Que pèsent 1 885^f en monnaie d'or?
>
> 6. Additionnez 0^T,076 ; 0^Q,87 et 9^{Mg},7.
>
> 7. Un fût d'une contenance de 0^{mc},232 est rempli d'un vin coûtant 0^f,53 le litre. Dites le prix de tout ce vin.

CHAPITRE III

LA SURFACE PLANE OU PLAN

226. — Volumes et surfaces.

On appelle **volume** une portion limitée de l'*espace*.

On appelle **surface** ce qui *limite* un *volume*, ce qui sépare ce *volume* de l'*espace* environnant.

On appelle **surface plane** ou **plan** une *surface* telle qu'une *règle* s'y applique exactement dans tous les sens.

Les *surfaces* des tableaux, des miroirs, des planchers, des murailles, sont ordinairement des *surfaces planes* ou *plans*.

On appelle **surface courbe** une *surface* qui n'est ni *plane*, ni composée de *surfaces planes*.

Telle est la *surface* d'un œuf, celle d'une boule, etc.

Exercices. — 1. Un pré, en forme de *trapèze*, a une superficie de 46ª,28. Ses côtés parallèles sont de 90^m et 70^m. Trouvez la distance qui les sépare.

2. Un tonneau contenait 115^l de vinaigre. On en a tiré 3^{Dl},2. Qu'y reste-t-il?

3. Un tronc d'arbre a 24^{cm} de *rayon*. Quelle est sa circonférence?

4. Un stère de bois vaut 24^f,85. Que valent 3st,28?

5. Un champ a la forme d'un *parallélogramme*. Sa surface est de 28ª,13. L'un de ses côtés est de 78^m. Quelle est la distance de ce côté au côté opposé?

6. Evaluez l'aire de la toile cirée qui recouvre exactement une table *circulaire* de 62^{cm} de rayon.

7. Que pèsent 2^l,7 d'eau?

227. — Sur les droites et les plans.

Une *droite* est **perpendiculaire** à un *plan* lorsqu'elle est *perpendiculaire* à toutes les *droites* de ce plan qui passent par son pied.

Une *droite* est **oblique** à un *plan* lorsqu'elle rencontre ce plan, sans lui être *perpendiculaire*.

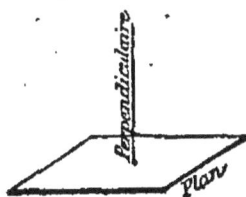

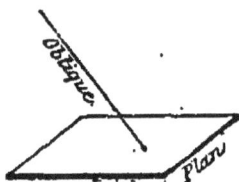

Une *droite* et un *plan* sont **parallèles** lorsqu'ils ne peuvent *jamais se rencontrer*.

Deux *plans* sont **parallèles** entre eux, lorsqu'ils ne peuvent *jamais se rencontrer*.

Droite et plan parallèles.

Plans parallèles.

Exercices. — 1. Un terrain a la forme d'un *triangle rectangle*. Les côtés de l'angle droit sont de 247^m et 139^m. Trouvez la surface.

2. Quel poids d'étain dans 1 985^g de monnaie de bronze?

3. Que pèsent ensemble 37 sacs de farine de 159^{Kg}?

4. Ajoutez 3^{mc},17 ; 1 589^{dmc} ; 0^{Dmc},0378.

5. La somme des bases d'un *trapèze* est de 48^{cm}. La surface est de 236^{cmq}. Trouvez la hauteur.

6. Combien de *décalitres* dans 13^{mc},783.

7. Calculez le *rayon* d'un tube de 27^{mm} de tour.

238. — Verticale, horizontale.

Une **verticale** est une *droite* qui a la direction du *fil à plomb*.

Le **fil à plomb** est un cordon tendu par un poids.

Un *plan* est **vertical** dès qu'il contient une *verticale*.

Les portes, les fenêtres, les murs de nos chambres nous présentent, en général, des *plans verticaux*.

Fil à plomb.

Plan vertical.

7.

Un *plan* **horizontal** est un plan *perpendiculaire* au fil à plomb.

Plan horizontal.

La surface des eaux tranquilles nous présente un *plan horizontal*.

Toute droite tracée dans un *plan horizontal* est une **horizontale**.

Exercices. — 1. Exprimez en *décimètres cubes* $0^{Dst},2798$.

2. Un champ de manœuvres a la forme d'un *rectangle*. Ses dimensions sont $2\,227^m$ et $1\,468^m$. Dites sa surface.

3. Trouvez la surface d'une pièce de 5^f en argent, sachant que son diamètre est de 37^{mm}.

4. Quel volume occupent 152^g d'eau ?

5. L'aire d'un *triangle rectangle* est de $38^{cmq},57$. L'un des côtés de l'angle droit est $7^{cm},9$. Trouvez l'autre.

6. Quel poids de cuivre dans 68^{Kg} d'or monnayé ?

7. Additionnez $3^{Mm},287$; $45^{Km},7$ et 549^{Hm}.

229. — Polyèdres, corps ronds.

On appelle **polyèdre** un *volume* compris sous plusieurs *faces* qui toutes sont *planes*.

Le *cube* est un *polyèdre*.

On appelle **corps ronds** les *volumes* limités, en partie au moins, par des surfaces courbes.

Un œuf est un *corps rond*.

Pour évaluer la *surface totale* d'un *polyèdre*, il suffit d'évaluer les *aires* de toutes ses faces.

Exercices. — 1. *Onze* enfants du même âge pèsent ensemble 283^{Kg}. Dites le poids moyen de l'un d'eux.

2. Il faut, pour creuser un réservoir, enlever $0^{Dmc},317$ de terre. On a déjà enlevé 128^{mc}. Combien en reste-t-il à enlever ?

3. Trouvez l'aire d'un champ, en forme de *trapèze* : les bases sont de $14^{Dm},2$ et $16^{Dm},3$; et la hauteur, de 67^m.

4. Combien de cidre dans 39 barriques de 228^l ?

5. Dites la *circonférence* d'un volant de machine qui a $8^m,3$ de *diamètre*.

6. J'ai brûlé cet hiver 3st,28 de bois, et le précédent 45^{dst},7. Trouvez la différence.

7. L'aire d'un *rectangle* est de 739^{mmq}; l'une de ses dimensions est 27^{mm}. Quelle est l'autre?

CHAPITRE IV

LES POLYÈDRES

—

230. — Le parallélépipède.

Le **parallélépipède** est un *polyèdre* compris sous six *faces* qui sont toutes des *parallélogrammes*.

Un *parallélépipède* est *rectangle* lorsque toutes ses *faces* sont des *rectangles*. Le *cube* est un *parallélépipède* dont toutes les *faces* sont des *carrés*.

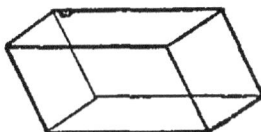

Parallélépipède.

On appelle **base** d'un *parallélépipède* l'une quelconque de ses *faces*.

La **hauteur** est la *perpendiculaire* qui mesure la distance de cette base à la face opposée.

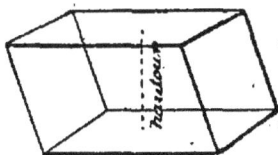

Pour évaluer le **volume** d'un *parallélépipède*, on détermine la *surface de sa base*, on mesure sa *hauteur*, et on fait le produit des deux nombres obtenus.

Si la *base* est de 12^{mq} et la *hauteur* de 7^{m}, le *volume* sera de 12 $\times$ 7, c-à-d de 84^{mc}.

Exercices. — 1. La base d'un *parallélépipède* est de 13^{mq},7 et sa hauteur de 6^{m}. Trouvez son volume.

2. Les trois dimensions d'un *parallélépipède rectangle* sont de 2^{m}, 7^{m}, 9^{m}. Dites le volume.

3. Un dé à jouer a 4^{mm} de côté. Dites son volume.

4. La hauteur d'un *parallélépipède* est de 2^{m},5 et le volume de 13^{mc},82. Calculez l'aire de la base.

5. Un bloc de pierre de 1^{mc},78 a la forme d'un *parallélépipéde rectangle*. Sa hauteur est de 75^{cm}, et sa largeur de 89^{cm}. Trouvez sa longueur.

6. Trouvez la surface totale d'un *cube* de 7^{mm} de côté.

7. Calculez la surface totale d'un *parallélépipéde rectangle* qui a pour dimensions 2^m, 3^m et 5^m.

---

231. — Le prisme.

Un **prisme** est un *polyèdre* compris sous *deux faces égales* et *parallèles*, qui en sont les **bases**, et

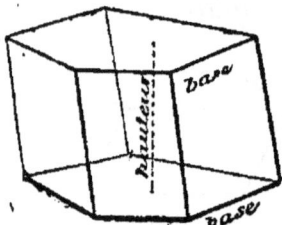

Prisme.

sous une suite de *parallélogrammes*, qui en forment la *surface latérale*

La **hauteur** d'un *prisme* est la *perpendiculaire* qui mesure la distance de ses bases.

Le *parallélépipéde* n'est qu'un *prisme* dont les bases sont des *parallélogrammes*.

Pour évaluer le **volume** d'un *prisme*, on calcule la surface de l'une de ses *bases*, on mesure sa *hauteur*, et l'on fait le produit des deux nombres obtenus.

Si la surface d'une *base* est de 11^{mq} et la *hauteur* de 5^m, le *volume* sera de 11×5, c-à-d de 55^{mc}.

Exercices. — 1. Quel est le volume d'un *prisme* dont la base est de 13^{cmq},2 et la hauteur de 6^m,5.

2. Un vase *prismatique* de 2^l,3 a une section de 123^{cmq}. Trouvez sa profondeur.

3. Un plateau *circulaire* a 24^{cm} de rayon. Dites sa surface.

4. Calculez l'aire d'un *triangle* dont la base est de 37^m, et dont la hauteur est double de la base.

5. Quel poids de cuivre dans 236 pièces de 2^f ?

6. Une corde avait une longueur de 1^{Dm},28. On en coupe 32^{dm}. Quelle est la longueur restante ?

7. Un cristal a la forme d'un *parallélépipéde*. La base est de 4^{cmq},3; et la hauteur de 1^{cm},2. Trouvez le volume.

232. — La pyramide.

Une **pyramide** est un *polyèdre* compris sous un *polygone* quelconque, qui est la **base,** et sous une suite de *triangles* placés autour d'un *point unique* qui est le **sommet.**

La **hauteur** de la *pyramide* est la *perpendiculaire* abaissée du sommet sur le plan de la base.

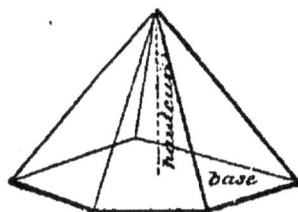

Pyramide.

Beaucoup de tours et de clochers ont leur partie supérieure en forme de *pyramide.*

Pour évaluer le **volume** d'une *pyramide*, on calcule l'aire de la *base*, on mesure la *hauteur*, on fait le *produit* des nombres obtenus, puis on le *divise* par 3.

Si l'aire de la *base* est de 15^{mq} et la *hauteur* de 8^m, on multiplie 15 par 8, ce qui donne 120 ; puis on divise 120 par 3, ce qui donne 40. Le *volume* est de 40^{mc}.

Exercices. — 1. La base d'une *pyramide* est de 126^{cmq}, et la hauteur de 13^{cm}. Dites le volume.

2. Le volume d'une *pyramide* est de 36^{mc}, et sa hauteur de 15^m. Trouvez l'aire de sa base.

3. Exprimez en *myriagrammes* 0^T,7239.

4. Un *quadrilatère* a deux côtés parallèles distants de 7^{cm} et longs de 18^{cm} et 20^{cm}. Trouvez son aire.

5. Calculez la circonférence d'un bassin *circulaire* qui a 35^m de diamètre.

6. Dans un *parallélogramme*, un côté a 16^m,2. Il est à 8^m,5 du côté opposé. Quelle est la surface ?

7. La surface totale d'un *cube* est de 66^{mq}. Dites la superficie de chaque face.

CHAPITRE V

LES CORPS RONDS

—

233. — Définition du cylindre.

Le **cylindre** est le *corps rond* engendré par un *rectangle* tournant autour d'un de ses *côtés*.

Le *cylindre* est compris entre deux **bases** circulaires *planes* et une surface latérale *courbe*.

Le *côté* autour duquel le rectangle a tourné est l'**axe** ou la **hauteur** du cylindre : il mesure la *distance* des plans des deux *bases*.

Les meules de moulin, les mesures de capacité, la plupart des tours et des puits ont la forme de cylindres.

Cylindre.

Exercices. — 1. Un *prisme* a pour base un carré de 7^{cm} de côté. Sa hauteur est de 8^{cm}. Quel est son volume ?

2. Une tache d'encre, de forme *circulaire*, a un diamètre de 7^{mm}. Quelle est sa surface ?

3. Une pierre jetée dans un vase plein d'eau en fait sortir 11^{s},2. Quel est son volume ?

4. Dans un *triangle*, l'aire est de 18^{mq},9, et la hauteur de 5^{m},7. Trouvez la base.

5. Quel poids de zinc dans 3 820^{s} de gros sous ?

6. Un piéton parcourt 6 081^{m} en une heure. Combien par minute ?

7. Une *pyramide* en pierres a une base de 17^{mq},6, et une hauteur de 12^{m},3. Dites son volume.

—

234. — Surface et volume du cylindre.

La **surface latérale** du cylindre a pour mesure le *produit* de la *circonférence* de base multipliée par la *hauteur*.

Si la *circonférence* de base est de 7^m et la *hauteur* de $3^m,25$, la *surface latérale* sera $7 \times 3,25$, c-à-d $22^{mq},75$.

Pour obtenir la **surface totale** du cylindre, on calcule la *surface latérale* et on y ajoute les surfaces des deux *bases*.

Le **volume** du cylindre a pour mesure le produit de l'aire d'une des *bases* multipliée par la *hauteur*.

Si l'aire d'une *base* est de $11^{mq},58$, et la *hauteur* de 2^m, le *volume* sera $11,58 \times 2$, c-à-d $23^{mc},16$.

Exercices. — 1. Un *cylindre* a pour rayon de base 3^m et pour hauteur 4^m. Trouvez son volume.

2. La capacité d'un *cylindre* creux est $2^l,7$. La surface de la base est $1^{dmq},8$. Quelle est la profondeur?

3. Trouvez la surface latérale d'un *cylindre* qui a 4^{cm} de rayon de base et 9^{cm} de hauteur.

4. Calculez la surface totale d'un *cylindre* qui a 4^{mm} de rayon et 7^{mm} de hauteur.

5. La base d'un *parallélépipède* est de $4^{dmq},78$ et le volume de $12^{dmc},6$. Trouvez la hauteur.

6. *Vingt-cinq* kilogrammes de charbon de bois coûtent $4^f,25$. Dites le prix du myriagramme.

7. Un mur a la forme d'un *trapèze*. Sa surface est de 56^{mq} et sa hauteur de 5^m. Calculez la somme de ses bases.

---

235. — Définition du cône.

Le **cône** est le *corps rond* engendré par un *triangle rectangle* tournant autour d'un des *côtés* de son angle droit.

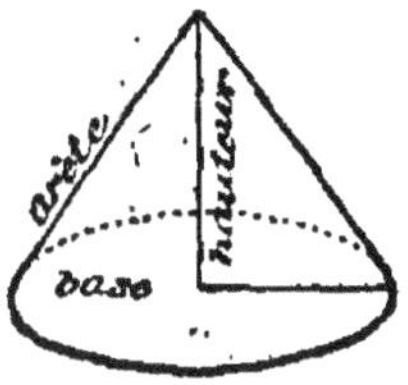

Cône.

Le *cône* est compris entre une **base** circulaire plane et une *surface latérale* courbe.

Le *côté* autour duquel le triangle a tourné est l'**axe** ou la **hauteur** du cône : il mesure la distance du **sommet** au plan de la base.

Le *côté* du triangle opposé à l'*angle droit* est l'**arête latérale** du cône.

Les pains de sucre, les cornets en papier, les toits des tours rondes ont la forme de *cônes*.

Exercices. — 1. Une table *ronde* a $0^m,42$ de rayon. Quelle est sa circonférence?

2. Un terrain a la forme d'un *parallélogramme*. Sa surface est de $4\,832^{mq}$. Deux de ses côtés sont distants de 47^m. Dites la longueur de chacun d'eux.

3. Un coffre, en forme de *parallélépipède rectangle*, a pour longueur $1^m,3$, pour largeur $0^m,4$ et pour hauteur $0^m,3$. On veut en recouvrir d'étoffe toutes les faces, sauf le fond. Evaluez l'aire à recouvrir.

4. Un pilier *prismatique* a un volume de 3^{mc}. Sa hauteur est de 5^m. Trouvez l'aire de sa base.

5. Dites la surface d'une tarte de 13^{cm} de rayon.

6. Quel poids d'eau déplace un corps de $0^{mc},72$?

7. Dans un *triangle rectangle*, l'un des côtés de l'angle droit est de 14^m. L'autre est trois fois plus grand. Trouvez la surface.

---

236. — Surface et volume du cône.

La surface latérale du cône a pour mesure la moitié du *produit* de sa *circonférence de base* par son *arête latérale*.

Si la *circonférence de base* est de 12^m et l'*arête latérale* de 8^m, la *surface latérale* sera la moitié du produit 12×8, c-à-d 48^{mq}.

Pour obtenir la **surface totale** du cône, on calcule la *surface latérale*, puis on y ajoute l'aire de la *base*.

Le **volume** du cône a pour mesure le *tiers* du *produit* de l'aire de sa *base* par sa *hauteur*.

Si l'aire de la *base* est de 15^{mq} et la *hauteur* de 7^m, le volume sera le tiers de 15×7, c-à-d 35^{mc}.

Exercices. — 1. Un *cône* a un rayon de base de 7^m et une hauteur de 13^m. Quel est son volume?

2. Quelle est la hauteur d'un *cône* dont le rayon de base est de 6^{cm} et le volume de 548^{cmc}?

3. Trouvez la surface latérale d'un *cône* dont le rayon de base est de 4^{cm} et l'arête latérale de 9^{cm}.

4. Calculez la surface totale d'un *cône* dont le rayon de base est de 5^{cm} et l'arète latérale de 12^{cm}.

5. Combien faut-il, au moins, de billets de banque pour payer 1 650^f?

6. Un ouvrier fait, en un jour, 6^m,25 d'ouvrage. Combien en 6^j?

7. La base d'une *pyramide* est de 228^{cmq}. Son volume est 1 326^{cmc}. Trouvez sa hauteur.

---

237. — Définition de la sphère.

La **sphère** est le *corps rond* engendré par un *demi-cercle* tournant autour de son *diamètre*.

Une *sphère* n'est autre chose qu'une *boule*.

La **surface de la sphère** est une surface *courbe*, dont tous les points sont également éloignés d'un point intérieur appelé **centre** de la sphère.

Sphère.

On appelle **rayon** une droite qui joint le *centre* de la sphère à un point quelconque de sa surface.

Tous les *rayons* sont *égaux*.

Exercices. — 1. Un vase *cylindrique* a un diamètre intérieur de 12^{cm} et une profondeur de 8^{cm}. Dites sa capacité.

2. Une boîte en forme de *parallélépipède rectangle* a pour dimensions 8^{cm}, 15^{cm} et 6^{cm}. Trouvez son volume.

3. Un homme pesait 71^{Kg},27. Il ne pèse plus que 6^{Mg},8. Quel poids a-t-il perdu ?

4. L'une des bases d'un *trapèze* est de 8^m; la hauteur est de 5^m, et la surface de 52^{mq}. Calculez l'autre base.

5. Dites le rayon d'une roue de 3^m de tour.

6. Une place *carrée* a 42^m de côté. Dites son étendue.

7. Un pain de sucre a un diamètre de base de 14^{cm} et une hauteur de 32^{cm}. Quel est son volume ?

238. — Volume et surface de la sphère.

La **surface** de la *sphère* est juste le *quadruple* de celle d'un *cercle* de même *rayon*.

. Supposons le *rayon* de 6^m; le *cercle* de 6^m de rayon a une surface de 113^{mq},0976; la *surface de la sphère* est donc 113^{mq},0976 $\times$ 4, c-à-d 452^{mq},3904.

Pour évaluer le **volume** d'une *sphère*, on multiplie sa *surface* par son *rayon*, et l'on *divise* le produit obtenu par 3.

Supposons le *rayon* de 6^m; la surface de la sphère est de 452^{mq},3904; son *volume* est donc le tiers de 452,3904 $\times$ 6, c-à-d 904^{mc},7808. }

> **Exercices.** — 1. Calculez la surface d'une *sphère* de 5^m de rayon.
>
> 2. Trouvez le volume d'une *sphère* dont le rayon est de 2^m.
>
> 3. Quel est le volume d'une bille d'ivoire de 51^{mm} de diamètre ?
>
> 4. Calculez la capacité d'un verre *conique*, dont le rayon d'ouverture est de 4^{cm},2 et la profondeur de 9^{cm},3.
>
> 5. Trouvez la surface latérale d'un *cône* dont le diamètre de base est de 6^m et la hauteur de 7^m.
>
> 6. Un rouleau en bois a un rayon de 3^{cm} et une longueur de 42^{cm}. Dites son volume.
>
> 7. Un réservoir *cylindrique* en tôle a pour diamètre 4^m,8 et pour hauteur 3^m,2. Evaluez sa surface latérale.

TABLE DES MATIÈRES

SAINT-CLOUD. — IMPRIMERIE Vᵉ EUG. BELIN ET FILS.

www.ingramcontent.com/pod-product-compliance
Lightning Source LLC
Chambersburg PA
CBHW031121210326
41519CB00047B/4207

9 7 8 2 0 1 2 6 7 6 6 3 3